新型职业农民培育系列教材

现代农业生产实用技术

◎ 吴洪凯 主编

中国农业科学技术出版社

图书在版编目（CIP）数据

现代农业生产实用技术 / 吴洪凯主编．—北京：中国农业科学技术出版社，2017.11（2022.7重印）

ISBN 978-7-5116-3315-6

Ⅰ.①现… Ⅱ.①吴… Ⅲ.①现代农业-农业技术 Ⅳ.①S

中国版本图书馆 CIP 数据核字（2017）第 261931 号

责任编辑 白姗姗
责任校对 贾海霞

出 版 者 中国农业科学技术出版社
北京市中关村南大街 12 号 邮编：100081
电　　话 (010)82106638(编辑室) (010)82109702(发行部)
(010)82109709(读者服务部)
传　　真 (010)82106650
网　　址 http://www.castp.cn
经 销 者 各地新华书店
印 刷 者 北京建宏印刷有限公司
开　　本 850mm×1 168mm 1/32
印　　张 6.5
字　　数 187 千字
版　　次 2017 年 11 月第 1 版 2022 年 7 月第 10 次印刷
定　　价 30.00 元

《现代农业生产实用技术》

编　委　会

主　　任　华　蓉

副 主 任　马永鑫　陈　健

主　　编　吴洪凯

副 主 编　陈应平　何胜芬

编　　委　施永斌　伍朝友　朱明贵

王　龙　刘应伦　樊娟娟

苏晓菲　周元鑫　唐承成

杨再发　赵　义　杨大卫

普定概况

普定县位于贵州省中部偏西，隶属安顺市，东与安顺市西秀区、开发区、平坝县毗邻，南与镇宁县、六枝特区相接，西靠六枝特区，北抵织金县。普定县城距安顺 14 千米，距贵阳 118 千米。普定县行政辖区东西长 51.4 千米，南北宽 40 千米，总面积 1 090.49 平方千米。普定县的行政区划为 3 个街道办、6 个镇、3 个民族乡、162 个行政村、10 个居委会，是一个多民族聚居地区，汉族占全县总人口的 80% 左右，苗族、布依族是境内的主要少数民族，总人口 48 万人。

普定是“全国文化先进县”“全国科普示范县”“全国林业科技示范县”“全国计划生育优质服务先进县”“全国农村学生营养改善工作先进县”“全省文明县城”“全省卫生县城”“全省农村金融信用县”“全省大健康医药产业发展示范县”“全省基层组织建设先进县”和“全省双拥模范城”，被评为“2014—2016 年度中国民间文化艺术之乡”。

历史悠久，地灵人杰。早在 16 000 多年前，早期南方智人“穿洞人”就在这里创造了被誉为“亚洲文明之灯”的古人类文化；普定古为牂牁夜郎国地，于唐贞观四年（公元 630 年）建立第一个建制县——始安县，元宪宗七年（公元 1257 年）改为普定府，据《郡县释名》，普定“取普里底定之义也”（普里为部落名）。境内山川秀美，旅游资源丰富。境内的古迹、名胜、洞穴与红枫湖、黄果树、龙宫、织金洞等一批国家级风景名胜区连成一片。省级风景名胜区夜郎湖蜿蜒 42 千米，水域面积 21 平方千米，湖光山色让人流连忘返，集山、水、林、洞、民族风情为一体，已成为旅游休闲的好地方。“讲义一号营”景点为全国农业旅游示范点，有“云中大草原”——

猴场乡普屯坝草场、重荫山杜鹃湖、原始森林丰林火焰山等景点。还有城关莲花古洞、化处空山、马官玉真山寺、马场西堡古屯、猴场“平讼摩崖”石刻、东华山“大明定南所”石刻等景点饱含厚重的历史文化元素。汉、苗、布依、仡佬等民族和谐共存，共同缔造了普定丰富多彩的多元文化形态。普定名人迭出，孕育了著名花鸟大师、雕塑大师袁晓岑，著名学者、诗人、书法家任可澄，哲学家、美学大师刘纲纪，著名画家、雕塑家袁熙坤等享誉海内外的文化精英。

区位优越，交通便捷。普定地处安顺、毕节、六盘水等城市的辐射带动区域，距贵阳龙洞堡机场110千米，距安顺黄果树机场14千米；株六复线、贵昆铁路、长昆铁路穿境而过；公路东西纵横，南北延伸，高速公路直通县城，安普城市干道建成通车，普织高速正在建设，已实现乡乡通油路，村村通公路，大交通引领大发展的格局正在加速形成。

物华天宝，资源丰富。普定气候宜人，属于亚热带高原季风湿润气候，全年气候温和，冬无严寒，夏无酷暑，春干秋凉，无霜期长，雨量充沛，日照少，辐射能量低。年平均气温15.1℃。全县最高海拔1 846米，最低海拔1 042米，年平均日照时数1 164.9小时，无霜期301天，年平均降水1 378.2毫米，属全省三大降雨中心地区之一。农业气候具有春长、夏短、秋早、冬暖的特点，森林覆盖率45.2%。有穿洞古人类文化遗址、夜郎湖、普屯坝、丰林火焰山等旅游资源；有煤、铁、铅锌、大理石、硅石、石灰石等10余种矿产资源和Ⅰ类开发价值的风能资源，其中，煤矿储量53.28亿吨，铁矿储量50万吨，铅锌矿储量33.34万吨，大理石储量2亿吨，有朵贝贡茶、白旗韭黄、梭筛桃等农特产品。境内建成120万千瓦安顺发电厂和7.5万千瓦普定水电站，正在建设20万千瓦普屯坝风力发电站。

经济发展，社会和谐。近年来，普定紧紧围绕“两加一推”主基调，大力实施新型工业化、人文城镇化、山地农业现代化、旅游产业化“四化”同步发展战略，经济社会发展势头良好。预计2016年全县完成地区生产总值100.28亿元，全社会固定资产投资180亿

元，财政总收入 11. 66 亿元，全部工业增加值 30 亿元，社会消费品零售总额 19. 55 亿元，城乡居民人均可支配收入 24 299 元、7 712 元，金融机构存贷款余额分别为 90. 73 亿元、72. 78 亿元，森林覆盖率达到 46. 82%。

目　　录

第一章　粮食与经济作物生产技术

第一节　水稻种植

一、栽培技术

（一）选择适宜的高产优质杂交水稻品种

应选择分蘖、抗倒伏能力强、穗型偏大的优质杂交稻组合。

（二）培育适龄壮秧

采用旱育秧或两段育秧，一般 4 月初播种，视秧龄长短确定播种量并精细播种，以秧龄 40～45 天内为最佳，加强肥水管理，培育适龄壮秧。

（三）适时嫩苗早栽，促进分蘖早生快发

强化栽培移栽小苗、中苗、苗龄不能超过 5 叶，一叶一心即可开始移栽。苗龄越小越有利于早期分蘖成穗。

（四）改革移栽方式，合理稀植

中等肥力以上田块行窝距 45 厘米×40 厘米。采用牵绳移栽，在一根长绳上每隔 40 厘米打个结，移栽时按行距 45 厘米定距拉绳，在每个绳结部位以绳结为中心栽 3 苗秧，栽成边长为 10 厘米的等边三角形，要尽量做到浅栽均栽。

（五）节水高产技术

前期（分蘖期）：分蘖前期湿润或浅水干湿交替灌溉，促进分蘖早生快发；分蘖后期“移苗晒田”，即当全田总苗数达到预定有效穗时排水晒田，如长势旺或排水困难的田块，应在达到预定苗数的 80%时开始排水晒田。中期（穗分化至抽穗扬花）：浅水（2 厘米左右）灌溉促大穗。后期（灌浆结实期）：干干湿湿交替灌溉，养根保叶促灌浆。

（六）合理平衡施肥

以有机肥为主，化肥配合施用。具体施肥方式可采用底肥用农家肥30担（1担=50千克。全书同），复合肥50千克，钾肥5千克，生长期间追肥3次。第一次在秧苗返青后施尿素7.5千克提苗，第二次在距第一次追肥15天只有施磷肥25千克，尿素5千克分蘖，第三次用5千克钾肥作穗肥。破口期亩用0.15千克磷酸二氢钾加粉锈灵根外施肥，要求做到“前期轰得起，中期控得住，后期稳得起”。

（七）除草

中根除草，根据杂草发生情况在分蘖期进行2~5次人工除草。化学除草，酌情施用化学除草剂。

二、水稻旱育秧技术

（一）苗床制作

1. 苗床标准

旱育秧苗床经培肥、调酸、施肥和消毒后，要达到肥、松、细、酸。

2. 床地选择

苗床应选择排水良好、土壤肥沃、背风向阳、水源方便的旱地或炕冬田（地下水位在1米以下），最好是酸性菜园地。苗床选好后，应固定使用。苗床土壤最适合pH值在4.5~5.5，有机质含量在3%以上。培育小苗（满足1公顷*大田用苗）需苗床面积150~225平方米，培育中苗需苗床面积225~375平方米，培育大苗需苗床面积375~450平方米。

3. 开箱作床

播种前选择无雨天进行耕地碎土，开箱宽1.2米左右、高10厘米左右，四周开好排水沟。

---

* 1公顷=15亩，1亩≈667平方米。全书同

4. 苗床培肥

旱育秧苗床土必须进行培肥，方法有以下几种。

（1）沼渣（猪粪）培肥法。播种前25天，施入沼渣（或浓猪粪水）10千克/平方米和过磷酸钙200克/平方米，然后覆盖薄膜培肥床土。

（2）圈肥培肥法。头年12月左右，苗床施入10千克/平方米优质圈肥和200克/平方米过磷酸钙培肥土壤。

（3）堆积培肥。播前一个月，苗床施10千克/平方米优质圈肥和200克/平方米过磷酸钙，将有机肥和过磷酸钙与土壤混合堆积在苗床边，用塑料薄膜覆盖发酵腐熟，播前将其均匀混入床土中。

5. 覆盖与面土准备

播种前35天，按10平方米用180千克细肥土、20~30千克细碎栏粪、1.5千克过磷酸钙和适量稀大粪或猪粪充分拌匀，喷施杀虫剂（如3%广枯灵水剂1 000倍、70%敌克松可湿性粉剂600倍水溶液），堆积盖膜发酵沤制，准备作苗床面土和覆盖用土。

（二）播种盖膜

1. 播前准备

播种前首先苗床要浇透底水、压平床面。然后做好种子处理：包括晒种、精选、浸种、消毒、催芽等环节。晒种：选择晴天晒2~3天。选种：用清水选种，去瘪留饱，缩小种子间质量差异。种子消毒目前常用的方法有以下几种。

（1）种衣剂拌种。种衣剂是由农药、肥料、激素等物质组成的种子包衣剂，可防治恶苗病、稻瘟病、干尖线虫病和地下害虫以及防鸟防鼠等。

（2）温汤浸种。是防治干尖线虫病的有效办法。先把种子放入清水中浸24小时，然后移浸于45~47℃的温水中预热5分钟，再改浸于50~52℃的温汤中10分钟杀死线虫，而后放入冷水中继续浸种，直至达到发芽要求为止。此法还可杀死稻温病、恶苗病等病原体。浸种：经过消毒的种子，如已吸足水分，可不再浸种，未吸足水分的，在播种前仍需浸种。浸种因水温而异，水温30℃时需30小时；水温

20℃时需浸60小时。每隔24小时更换一次水。催芽要求用纱布袋浸种、催芽，使谷堆温度保持在35~38℃，破胸露白即可播种。

2. 确定播种期的方法

一般以日平均温度10℃和12℃为发芽的最低温度，而适宜播种期是清明前后。

3. 播种量

移栽每亩大田需苗床20平方米，每秧平方米播种子40~50克。

4. 播种方法

要均匀撒播，然后轻镇压，使种子三面入土，盖1厘米厚备好的细土。

5. 除草及防治地下害虫

用乙草胺（除草剂）进行化学除草，用量为每亩150克对水45千克进行喷雾；每平方米用呋喃丹4克和二嗪农0.3克，对水1千克喷施，防治地下害虫。

6. 盖膜方式

一般可采用平铺薄膜和低拱架盖薄膜的方法，低拱架盖膜法是用竹篾搭起高20~40厘米的拱架，然后盖上膜。两种方法都要求膜的四周用土压紧。

（三）苗床管理

苗床管理的重点是温度和水分。

1. 苗床的温度管理

播种—齐苗应保温保湿，促进齐苗。低于35℃一般不要揭膜，高于35℃，应揭开两头通风降温，以防烧芽，但在15~16时后要及时盖上。齐苗—1.5叶应开始降温炼苗，晴天10~15时揭开部分，保持膜内在25℃左右，15时后要盖上。1.5~2.5叶是控温炼苗的关键时期，也是生理性立枯和青枯病的危险期，要经常揭膜通风，晴天可从9~16时，使床土干燥；阴天可开口通风，膜内温度保持在25℃左右。

2. 苗床的水分管理

播种至现针前，以保温、保湿为主。现针后，严格控水，促进根

系下扎，早上揭膜，傍晚盖膜，进行炼苗。2叶期即可揭膜。一般晴天下午揭，阴天上午揭，雨天雨后揭；此时若遇低温寒潮，则延长盖膜时间，待寒潮过后再揭膜。揭膜至移栽前的水分管理：一般在秧苗叶片早晚无水珠或早晚床土干燥或午间叶片打卷时，选择傍晚或上午喷浇水一次，以3厘米表土浇湿为宜，但对土壤不太肥沃，较板结的秧床，以每次浇透水为好。只有严格控制苗期水分，才能增强本田期的生长优势。

遇低温、下雨要及时盖膜护苗及防水，以免土壤湿度过大，秧苗徒长，降低秧苗素质。同时，注意防治立枯病、稻瘟病。

3. 肥料管理

旱育秧在苗床期一般不必施肥，尤其是使用“壮秧剂”后，肥效一般可维持到4叶期。如果苗床培肥不够，中后期表现脱肥，可结合洒水补施提苗肥。用2%的硫酸铵液喷施，每平方米100~200克，施肥后喷清水洗苗，以防烧苗。

4. 加强防治病虫草鼠害

第二节　马铃薯栽培

一、地块择土整理

选层深厚，土壤疏松肥沃的沙质土或黄壤土为宜，深耕，打碎土块，平整土地，去掉杂物。

二、规范化种植

要按1.1~1.2米开厢，宽窄行种植，窄行双行起垄，双沟种植。有利于通风和雨水的排出。

三、适时播种

春播马铃薯，一般在晚霜前一个月左右，外界温度稳定在5℃以上即可播种，一般在2月上旬至3月上旬播种结束为宜，应不受晚霜为害为原则，尽量适时早播。

四、选用良种

宜选用高产、优质、抗病性强，适宜当地种植的品种，项目区选用脱毒威芋 3 号一级良种。

五、种薯的处理

为防止种薯带菌传染，在播前最好用 0.3%~0.5%的福尔马林浸泡 20~30 分钟，取出后用塑料袋或密闭容器密封 6 小时左右，或用 0.5%的硫酸铜溶液浸泡 2 小时进行消毒。

六、测土配方施肥

亩施有机肥 2 500~3 000千克，尿素 10 千克，磷肥 50 千克，硫酸钾 15 千克，充分混合后，种植时进行窝施为宜。全部做底肥施用。

七、种植密度和深度

行距 50 厘米，株距 30 厘米，单行起垄，每亩保持 4 400 窝以上。最好选用 20~25 克的小整薯播种，若种薯过大应切块种植，切块大小掌握在 20~25 克，并做好切口消毒。亩播种量在 175 千克左右，播种深度为 10~15 厘米为宜。适宜的播种深度可防止冻伤或晒伤薯块，可以增加结薯层次。

八、田间管理

一是中耕培土，中耕培土在去除田间杂草的同时，可加厚土层，增加块茎生长的土壤范围，对提高产量有着重要作用。一般应在 3 月中下旬和 4 月上旬各进行一次中耕培土。促进块茎膨大；二是合理追肥，根据中耕培土的时间，第一次进行追肥，亩施尿素 10 千克，硫酸钾 15 千克。第二次追肥可亩用 25 担左右人粪尿或喷施磷酸二氢钾。三是打花及疏枝，马铃薯的分枝性较强，生长过旺和密度过大，会影响地下果实发育，应及时进行疏枝，去除病枝、

弱枝，增强通风透光，减少病害。四是注意防治病虫害，为害马铃薯较重的病虫害主要有晚疫病、病毒病、块茎蛾和蚜虫。要采取预防为主，综合防治。

第三节　油菜种植

一、油菜高密度宽厢直播主要栽培技术

（一）整地

水稻（或其他作物）收割后，利用土壤湿度及时翻犁，深耕 6 寸（1 寸≈0.033 米。全书同）左右。

（二）施足底肥

亩施有机肥 1 500 千克，复合肥 25 千克，硼肥 0.5 千克，均匀施于土面上。

（三）开厢碎土

厢宽 4 尺（1 尺≈0.33 米。全书同）左右，沟宽 0.8~1 尺，沟深 0.5~0.6 尺，沟开好后进行厢面碎土，使土壤与肥料充分混合。要求厢面平整、土粒细匀，并有一定的缝隙，有利于种子落入其中。

（四）播种

播种时间为 10 月中下旬。亩用种子 300~400 克，出苗后及时匀苗，亩留苗 5 万~6 万株。

此技术成败的关键是：一是土壤湿度要合适；二是土壤要有合适的缝隙使种子落入。

（五）田间管理

与其他栽培技术的田间管理技术相同。

二、稻茬免耕油菜栽培技术

（一）育苗

于 9 月 10—20 日播种，一分苗床播一两种子，移栽一亩大田。一分苗床施有机肥 150 千克，硼肥 0.05 千克，尿素 0.1 千克，复合

肥1.5千克，与细土拌均，浇透水，然后播种，并复盖一层薄细土。苗齐后及时匀苗、定苗，去病留健，每平方米留苗110~120株。定苗后每亩可用1克多效唑对水2~3千克喷苗。

（二）移栽

苗龄在25~30天，叶龄在3~5叶时开始移栽，移栽前7天施送嫁肥，亩用清粪水对尿素1~1.5千克。

移栽时大田亩用复合肥50千克，硼肥1千克，用移栽器隔行移栽。将移栽器靠近稻桩边缘顺行入土破口，入土2/3，摇两下轻轻提起，挨着稻桩的一个口子栽油菜，另一个口子放肥料，脚轻用力踩紧，移栽完毕。

（三）田间管理

油菜移栽20天后，亩用清粪水1 000千克对尿素5千克灌根作为提苗肥。以后应注意病虫害的发生。

第二章　园艺作物生产技术

第一节　蔬菜种植

一、叶菜类蔬菜栽培与管理

1. 实施轮作

选用前茬种植不同科蔬菜的菜地种植叶菜。常年绿叶菜直播地要进行土壤消毒。如生石灰消毒。

2. 清洁田园

在前茬蔬菜采收后要及时清除枯叶、残株及四周杂草，集中深埋或烧毁，减少残株上病虫源传染下茬蔬菜。

3. 土壤消毒

进行土壤消毒处理，可以消除连作的障碍。

（1）淹水消毒法。在夏季，菜地深翻 20 厘米以上，淹水保持水层 5 厘米，在水面上覆盖塑料薄膜或撒施生石灰。10 天后掀开薄膜，排干水，晒白翻犁后进行种植。

（2）撒碳酸氢铵消毒法。夏季前茬菜收获后，在菜畦面上均匀撒施碳酸氢铵肥，每亩地用碳铵 30～50 千克。覆上塑料薄膜，靠碳酸氢铵分解挥发的氨气消灭病虫害。一般 7 天后揭膜，翻犁重新播种。

4. 选用优良抗病的品种

根据不同季节选择适宜品种。

5. 夏季暴风雨多

采用小拱棚盖遮阳网，可防止暴雨影响蔬菜生长。

6. 合理灌溉，及时排灌

暴雨季节要及时排水，注意灌溉水不能用受污染的水，以免蔬菜也受污染。夏季炎热、中午下雨量很少的小雷阵雨，雨后必须立即进行补浇灌透水，防止小雨下到热土壤上，水分蒸发产生水蒸气，烧伤菜叶。

7. 合理施肥

施肥要以有机肥为主，其他肥料为辅。尽量采用多元复合肥，叶菜生长期短，要重基肥轻追肥，一次性施足基肥，生长期不追肥或少追肥，尽量在前期追肥，生长后期不追速效氮肥。在采收前 8 天，停止施用氮肥，减少硝酸盐在叶菜上积累；并停止浇水，降低叶菜含水量，减少运输损坏。

8. 病虫害综合防治

叶菜类常见主要病害有霜霉病、软腐病等，主要虫害有蚜虫、小菜蛾、菜青虫、跳甲、斑潜蝇等。

（1）病害防治。

①霜霉病：

症状：从苗期到包心期均可发生，主要为害白菜叶片，最初先从下部叶片开始发病，在叶片上产生水浸状、淡黄色多角形病斑，并逐渐扩大，变为黄褐色，严重时叶片干枯，不能食用。

发病原因：该病发生轻重与气候、品种和栽培技术密切相关，秋季降雨多，相对湿度高于 70%，有利于霜霉病发生；播种过早，密度过大，偏施氮肥，田间排水不良发生重。

防治措施：

农业防治：一是合理密植，中、早熟品种每亩种植2 500~3 000株，晚熟品种每亩种植2 000~2 400株；二是平衡施肥，追施多元素复合肥，避免偏施氮肥；三是雨后及时排水，防治田间积水。

化学防治，发病初期可用 40%乙膦铝 800 倍液、58%甲霜灵锰锌 500 倍液或 1.5%霜疫威 1 000 倍液叶面喷雾；发病重可用 72%杜邦克露 800 倍液叶面喷雾，每周 1 次，连喷 2~3 次。

②软腐病：

从白菜莲座期至包心期发生，常有两种类型：一是萎蔫型（根腐）：根表皮腐烂，白菜在晴天中午萎蔫，早晚恢复，持续几天后整株死亡；二是软腐型（茎腐）：主要是基部腐烂，受害的白菜叶柄或叶球呈黏滑性软腐，伴有灰白色黏稠液并散发出臭味，轻踢易倒。

发病原因：该病发生轻重与气候、茬口、播种期等有关，如降雨多、地表积水有利于发病，另外播种过早、连作地块发病重。

防治措施：

农业防治：避免连作，防止地面积水，发现病株及时清除，带出田间销毁。

撒施新鲜草木灰和生石灰（比例1：3）。防止传播。

化学防治：可用72%农用链霉素3 000倍液、3%克菌康1 000倍液、20%龙克菌500倍液交替喷雾，每周1次，连喷2~3次。

③病毒病：

症状：分两种类型。一是花叶型，叶片产生浓淡不均的绿色斑驳或花叶；二是皱缩型，心叶呈现皱缩畸形，质硬而脆。

发病原因：该病发生与气候、管理等因素有关，白菜播种后遇高温、干旱，根系生长发育受抑，抗病力下降，加之高温干旱有利蚜虫发生，传播病毒几率高，病毒病发生严重。另外管理粗放，缺水、缺肥发病重。

防治措施：白菜病毒病由蚜虫传播，因此防治蚜虫至关重要，可用10%吡虫啉2 000倍液喷雾，每隔7~10天1次，连防2~3次。白菜染病后，喷洒1.5%植病灵2号800倍液或病毒克星、康润一号1 000倍液叶面喷雾，每周1次，连防2~3次。

（2）害虫防治。蚜虫、斑潜蝇用粘虫板，小菜蛾、菜青虫用糖酒醋液（酒：水：醋：糖=1：2：3：4）诱杀；药物有吡虫灵、敌杀死、敌敌畏（虫害发生时使用）等。

二、地下根茎块类蔬菜的栽培与管理

地下根茎块类蔬菜作物按果品大致分为，地下根茎类有牛棒、山药、胡萝卜等；地下根块类有生姜、芋头、土豆、魔芋、莲藕等；半地下根块类有白萝卜、象牙白、袖珍萝卜等；若按其叶形分类有大花叶纵展叶形像芋头、魔芋、莲藕、萝卜等；有叶蔓并举型的山药、牛棒等；有宽叶矮茎型如生姜、土豆等。

1. 优良品种的选择

根茎块类蔬菜作物的种植方式各有差异，有直播种子的萝卜类蔬菜，还有直播种块的芋头、生姜、土豆、魔芋和直播种根茎的山药、牛蒡、莲藕类蔬菜，就其生理特性，除莲藕生长在水里以外，其他都生长在较松散的沙土地和联合土地。

根茎块类蔬菜对生长环境也有不同的选择：莲藕喜水爱水不离水，其他几类喜水需水不见水，所以应根据地区的不同、种植方式的不同、生长期的不同选择产量高抗性强，能够在市场上立于不败之地的根茎块类蔬菜品种和光滑无伤、无霉无烂、无病的种子、种块、种根茎在自己大田做优良品种种植，因使用的种子、种块、种根茎的数量相差很大，请用全营养螯合态微量元素清液肥料对这些不同的种子、种根和种块再作拌种、浸根、泡块的技术处理，需切块的土豆魔芋应按芽位芽胚位置切块，晾洒刀口至干封闭才能进行种植作业。

地下根茎块类蔬菜和其他作物不太一样，除萝卜类种子应浅播外，其余根块茎类都应掌握平根立块不同的播种深度，以免影响产量，给菜农带来不必要的经济损失。

2. 科学合理的施肥

根据国家的最新肥料技术政策及合理施肥技术要求安排肥料的施用方案，每亩施入已熟化的农家肥 1 000 千克，草木灰有机钾肥可以多用一些，或商品有机肥 50~100 千克。地下根茎块类蔬菜都是需钾量比较多的农作物，还由于地下根茎块类蔬菜的产量高达超万斤，所以这些果实和产量的形成也都是各种不同的养分不断积累的结果，我们可以选择优质名牌的高钾双螯合肥，或其他利用率较高的高钾硫基

复合肥 100~200 千克作为底肥施用；没有彻底熟化和无害化处理的鸡粪、猪粪、鸭粪和人粪尿最好不要施用，防止种根、种块、种茎提前进入烂母期及小苗因肥害而死亡，肥料是作物增产增收的基础，肥料也是作物的粮食。种地不上粪，等于瞎胡混；用肥不合理，产量成问题；肥料用不够，收入打折扣；肥是庄稼宝，离它成不了。所以我们必须重视肥料种类和氮磷钾配比，提高用肥观念、增强用肥意识、学习用肥技术、懂得用肥措施、真正将科学合理的施用有机肥料和化学肥料配合施用的肥料技术政策落到实处。为作物而用肥、为产量而用肥、为效益而用肥、提高肥料利用率、减少土地投入成本、增加农民收入是我们的一贯方针，须认真贯彻执行。

3. 栽培与管理和病虫害防治

地下根茎块类蔬菜由于生长期和生长环境的不同，故白萝卜、魔芋、土豆应起垄播下种子和种块，然后盖上地膜；胡萝卜则应底畦种植；山药和牛蒡则应打孔种植为最好；芋头生姜起小垄种下种块为宜；莲藕则需先播下种茎再灌水为宜。

为了我们种植的地下根茎块类蔬菜的品质和产量的进一步提高，也要落实经常、合理、不断的补充微量元素肥料的技术政策。地下根茎块类蔬菜出苗后和根茎块的快速膨大期，合理安排施用全营养螯合态微量元素清液肥料 300~400 倍各灌根 1 次，加大微量元素肥料的用量，让其帮助作物增加吸收大量元素氮磷钾肥料的能力，有利提高肥料利用率，为增产增收打下坚实基础。

病害主要针对不同的根茎块类蔬菜作物会有可能发生细菌性角斑病、褐斑病、叶斑病、大斑病、疮痂病、茎腐病、霜霉病、灰霉病、叶霉病、病毒病、蔓枯病、青枯病、枯萎病、黄萎病、白腐病、根腐病、早疫病、晚疫病和姜瘟病等许多病害，我们应按照国家的农业植保方针“预防为主，综合防治”。请用对真菌、细菌、病毒都有治疗和预防作用的高效杀菌剂配合微量元素肥料经常做叶面喷施，根据生长期的长短不同，分别 7 天、10 天、15 天喷施 1 次，将各种病害控制在萌发前期。

虫害有蚜虫、青虫、棉铃虫、甜菜叶蛾、斜纹叶蛾、黄刺蛾、斑潜蝇、绿盲椿、白飞虱、灰飞虱、跳甲虫及茶黄螨等螨类害虫，还有根据天气特点带来的气候性害虫，经常为害我们的蔬菜作物而影响产量。可用联苯菊酯、氯氟甲铜铵、阿维菌素或甲维盐进行不断防治，但叶面喷药时间应在16~17时进行，也可和以上微量元素肥料、高效杀菌剂配合施用，将病虫的为害提前预防，免得因病虫害活动猖獗给我们带来不必要的经济损失。采收、存放及出售，根据不同的地下根茎块类蔬菜的不同生长周期和不同的成熟时间，及不同地区的市场和消费需求，掌握市场导向及市场价格，根据运力安排及时采收，上市出售；也可保鲜保存，等待市场价格选价出售，地下根茎块类蔬菜超期生长，除高温影响外对菜农没有太大损失反而有利，在后茬作物安排不耽误的情况下，多长几天也好，各种农作物的生长后期都是增加产量的重要关键时期，为了菜农的蔬菜产量及价格的提高希望酌价采收，选价出售，菜农的收入才能增加，种地赚钱的目的才能顺利实现。

三、瓜果类蔬菜栽培与管理

瓜果蔬菜等主要指黄瓜、瓠瓜、丝瓜和苦瓜。

（一）品种选择

瓜果类蔬菜中，黄瓜可进行春提早和秋延后栽培，瓠瓜一般进行春提早栽培，而丝瓜和苦瓜则采用春提早和越夏栽培。要根据不同的栽培模式选择相应品种。如黄瓜，进行春提早栽培可用湘黄三号、津优十号、二十号等，而作秋栽或延后栽培则用津春四号、津优四号；瓠瓜用咸宁长瓠子；丝瓜用早杂一号、二号肉丝瓜、衡阳406丝瓜；苦瓜用蓝山大麻子苦瓜。

（二）种子消毒

播种前，采用温汤消毒或药剂消毒的方式，对种子进行消毒，杀灭或减少附着在种子表面及潜伏在种子内部的病菌，减少种传病害。如温汤消毒：把种子放在55~60℃的温水中浸15分钟，并不断搅拌，使种子均匀受热。但种子消毒前要在常温水中预浸15分钟，以便激活附着的病菌，达到较理想的灭菌效果。

（三）适时播种

播种时间要根据栽培方式来确定。春提早栽培的，采用大棚内套小拱棚及地膜的，可适当早播。一般黄瓜在元月上旬催芽育苗；丝瓜、苦瓜在元月上旬催芽育苗。秋黄瓜在 7 月播种。

（四）实行轮作

蔬菜不能连作，提倡轮作。瓜果类蔬菜应进行 2 年以上轮作。

（五）定植前的准备

（1）前茬作物收获后，及时深耕，利用冬季低温冻垡，或利用夏季高温烤土，减少土传病害。

（2）采用深沟窄厢、高垄栽培，使雨水能及时排出，防止积水。一般厢沟深 30 厘米，厢宽 80 厘米。合理密植，保持良好的通风透光条件。

（3）重施底肥。底肥应多施有机肥。每亩施腐熟人畜粪尿 4 000 千克，复合肥 50 千克。人畜粪尿一定要充分腐熟后才能使用。

（4）覆盖地膜。春提早栽培提倡覆盖地膜，减少病害的发生。

（六）定植后的管理

（1）抽蔓后，要及时吊蔓、绑蔓。

（2）及时清除枯枝败叶，病株和病叶，并带出菜园，集中销毁。

（3）未覆盖地膜的要适时中耕除草。

（4）及时追肥。瓜类蔬菜连续结果能力强，产量高，应根据长势及时追肥，每采收 1 次追一次肥，追肥以复合肥为主。中后期增施磷钾肥，并叶面追施 0.2%~0.3%的磷酸二氢钾。盛果期勤浇水，但要用清洁水，生活污水不能用来浇灌。

（5）适时整枝、摘心。瓠瓜在主蔓 6~7 叶时摘心，促侧蔓生长；侧蔓结果后，留 1 果，保留 2~3 叶摘心。苦瓜摘除 1.5 米以下的侧蔓。

（七）采收清洗

适时采收清洗后上市。根瓜要早摘。禁止用生活污水清洗。

（八）病虫害防治

瓜类蔬菜病害主要有霜霉病、疫病、炭疽病、病毒病等。病毒病在发病初期用病毒A、病毒K等农药喷药，每7~10天1次。枯萎病在发现中心病株后立即拔除，在穴内撒石灰消毒，用多菌灵、甲基托布津等农药灌根。霜霉病、疫病、炭疽病等用百菌清、瑞毒霉、可杀得、多菌灵等农药防治。

瓜类蔬菜害早主要有蚜虫、斑潜蝇、黄守瓜、黑守瓜等，用虫螨克、敌百虫、顺反氯氰菊酯、甲维盐等农药防治。

四、辣椒栽培技术

辣椒适应性强，生长期长，普定栽培十分普遍。辣椒富含维生素C和辣椒素，有促进食欲、帮助消化之功能。一般鲜椒单产1 000~2 000千克/亩，最高产量达3 000千克左右。

1. 环境选择

种植区域的土壤及灌溉水有关检测指标应符合农业部关于无公害蔬菜的要求。种植区周围没有污染源。

2. 品种选择

选择高产，品质优良，较抗疫病及病毒病的品种，适宜普定山区夏秋无公害栽培品种如下。

早熟品种：湘椒1号、9号、19号、早丰1号、18号、抗王1号、更新9号。

中晚熟品种：湘椒4号、11号、16号、21号，中椒系列和种都系列辣椒，遵义朝天椒，贵阳辣椒，安顺辣椒。

3. 海拔高度选择

夏季气温相对较高，气候炎热，雨水相对集中，病虫害较重，辣椒栽培有一定的困难。在选择基地上，要尽可能选择海拔高度相对较高地区，利用气候较凉爽，烟青虫、蚜虫较少，病毒病较轻，有利于无公害栽培，普定夏秋辣椒无公害栽培适应区为海拔1 200~1 600米。

4. 播种育苗

培育叶面肥厚、叶色浓绿、幼茎粗壮，根系发达的适龄壮苗是辣椒丰产的关键。辣椒每亩所需播种量，杂交种50~80克，常规种

100~150克。播种时间：普定早熟栽培，12月10—30日，夏秋栽培，4月下旬至5月上旬，8月上旬至10月中旬供应市场。选择地势较高，滤水性好，2~3年未种过茄科作物的地块作苗床。床土配制时加入1/3腐熟农家肥，播种后到一片真叶前搭荫棚，或用遮阳网遮阴，防暴雨拍击，防止病害发生。幼苗期要注意及时均苗浇水，加强虫害和猝倒病、疫病的防治，生长弱时可追一次腐熟清粪水。

5. 开厢、施肥和定植

（1）开厢。辣椒栽培以深沟窄厢栽培为宜，1.3米开厢，畦高20~25厘米，沟宽30~33厘米。每厢定植2行。

（2）施足底肥。每亩穴施或沟施腐熟有机肥2 000~4 000千克，复合肥50千克或过磷酸钙25千克，钾肥20千克或草木灰100千克。

（3）定植。秧苗有8~13片叶并带有花蕾移栽定植为好。在厢面上挖穴移栽，栽后随即浇足定根水，栽植密度，早熟株行距（20~25）厘米×60厘米，中晚熟株行距（30~35）厘米×60厘米，杂交种每穴一株，本地品种2株。

6. 田间管理

（1）追肥。定植成活后，结合中耕松土浇水，施清淡粪尿，以促为主，适当蹲苗，当第一果实直径达2~3厘米大小时，应追1~2次氮肥，亩施尿素7~9千克，当辣椒短枝分生增多，秧果繁茂，进入果实盛产期，应重施追肥，一般用25%复混肥50千克，尿素8~10千克追施，以后，每采收一次，可采取根外喷施0.5%磷酸二氢钾和0.3%~0.5%的尿素。以保持辣椒不断采收，不断开花结果的优势。从而延长采收期，提高产量，改善品质。

（2）水分管理。辣椒栽培，尤其是夏秋辣椒栽培前期，正值雨季，应注意排水，要做到厢沟不积水，排灌分开，避免串灌，减轻病害发生。结果期如遇伏旱，应结合施肥浇水，保持土壤有足够水分。

（3）落花落果与生长调节剂的应用。温度不适、氮肥过量、栽植太密、光照不足等都会引起落花落果。在开花期喷施防落素或辣椒灵，可以防止落花，增加早期产量。

（4）采收与留种。青椒从开花后20~25天，果实充分长大，果色绿色加深、有光泽，即可采收。辣椒是常异交作物，不同品种间留种应隔离100米以上。选择符合本品种特征的植株，留2~3层果，待果实红熟时采收，经后熟取出种子，阴干收藏。种子切忌水洗。长角椒一般22~25千克可收1千克种子，灯笼椒一般30~35千克收1千克种子。

7. 病虫害防治

(1) 虫害。

①蚜虫、小地老虎：对辣椒为害比番茄严重。

防治方法：参见番茄虫害防治。

②烟青虫（钻心虫）：1~2龄幼虫在青椒上食嫩叶、嫩茎和芽，3龄幼虫蛀食为害果实，4龄后幼虫隐藏在果中取食为害。

防治方法：1~2龄幼虫期是药剂防治的有利时期，可用敌敌畏或敌百虫1 000倍液、20%速灭杀丁1 250~2 000倍液、2.5%溴氰菊酯1 250~2 500倍液喷雾。

③茶黄螨：为害症状与毒素病相似。青椒受害，上部嫩叶背成油渍状或铁锈色，叶缘向下卷曲，变硬变脆，幼茎柄及果实也变为黄褐色，生长停滞变硬。

防治方法：参见茄子虫害防治。

(2) 病害。

①炭疽病：为害叶片之初出现褪绿水浸状斑点，后逐渐变成褐色，并轮生小黑点。果实病斑褐色、稍凹陷，排列成轮状、分泌红色粘稠物。干燥时病斑易破裂。

防治方法：选用抗病品种，如独山牛角椒、贵阳乌当线椒。在无病果实上采集种子。与非茄科作物轮作，注意排水和合理密植。用55℃温水浸种10分钟再行播种。用70%代森锰锌500倍液、70%托布津600倍液、70%百菌清600倍液或1∶1∶100倍的波尔多液喷雾。

②枯萎病：多在开花结果初期发生，先使叶色变黄，叶子很快凋萎，根茎表面变褐色，然后逐渐变软腐烂而导致全株枯死。

防治方法：用50%多菌灵500倍液浸种2小时或用种子量0.2%

的 80%福美双拌种。与非茄科作物轮作；拔除病株及时烧毁。加强土肥水管理。用 150 生防菌 100 克每亩对米糠 0. 5 千克拌匀蘸根后移栽，或 100 克每亩对水 50~75 千克淋蔸，或用绿亨一号 4 000~5 000 倍液灌根。

③病毒病：辣椒受黄瓜花叶病毒侵染的植株，叶片出现黄绿相间斑纹，叶缘向上卷曲，叶片变窄，逐渐成簇状，果实早落或结小果。受烟草花叶病毒侵染的植株，叶脉变黄、坏死、叶脱落、茎坏死。

防治方法：选用抗病品种，一般辣椒比甜椒抗病，尖形椒或锥形椒比灯笼椒抗病。其他防病措施与番茄病毒病相同。

8. 采收

青椒采收，果实充分长大，果色加深，果皮发黄即可。加工型品种红椒即可。上市鲜椒，应新鲜、光亮、无虫蛀、无病斑、无火斑、不烂。红椒应新鲜不软，光亮，色泽达 90%以上，不烂，个头均匀。

五、大白菜栽培技术

大白菜是十字花科芸薹属二年生植物，属于耐寒或半耐寒蔬菜。大白菜富含大量碳水化合物、维生素、营养价值高、品质好，是人们喜爱的大宗蔬菜。普定夏秋气候较凉爽，在海拔 1 200 ~ 1 400 米海拔地区种植无公害夏秋大白菜，利用海拔高差，调整播期，对调节 9—10 月蔬菜秋淡市场有着重要意义。夏秋大白菜无公害栽培每亩产量一般在 1 000~1 300 千克，最高可达 1 600 千克。正季大白菜无公害栽培，每亩产量一般为 3 500~4 000 千克，最高的可达 5 000 千克以上。

（一）生产基地选择

大白菜无公害生产栽培必须远离有“三害”污染的工厂、医院和生活区。种植区内的大气、土壤、灌溉水必须符合国家无公害农产地环境标准（NY 5010）的要求，在种植区内必须搞好排灌系统，尽量做到排灌分渠，避免串灌。从贵州不同海拔大白菜种植情况看，普定大白菜无公害栽培适宜海拔高度为 1 200~1 400 米。

（二）品种选择

早熟品种可选择生长迅速、耐热、抗病、结球快的品种，如鲁春白一号、北京小杂 56、春喜一号、春秋五、特级抗病王、京滇早超级 60、热抗 60 等。

中熟品种可选择抗病性强、产量较高的大白菜品种，如山东 4 号、山东 6 号、丰抗 70、丰抗 90、晋菜 3 号等。

无公害越冬大白菜可选用优质一号（清明菜）等。

所选用种子质量必须符合 GB 1675.2 要求。

（三）整地作畦、施足底肥

选择土层深厚、富含有机质，土壤中性微碱性的田块栽培大白菜。于前作收获后及时深翻土壤，炕土 10～15 天，然后每亩均匀施入 2 500～3 000 千克充分腐熟的农家肥、过磷酸钙 40～60 千克、硫酸钾 40～50 千克，然后开厢作畦，以窄厢高畦、半高畦栽培为宜，畦面宽 80 厘米左右，畦高应在 20 厘米以上，并开好中沟和背沟，以利排水。

（四）直播和育苗移栽

大白菜的栽培有直播和育苗移栽两种方式。

1. 直播

整地作畦后，按一定的行株距打穴。穴宽 15～18 厘米，深 3～5 厘米，穴底应稍平。每穴播种 20～25 粒，然后盖细土 1～2 厘米。播种期间，如遇天气干旱，下种后一次浇足底水，保证出苗所需的水分，然后盖土。切忌播后天天浇水，以免土壤板结，影响出苗。播种量每亩 150 克左右。高温干旱天气下种时，播种量应适当增加。

2. 育苗移栽

应选肥沃的土壤作苗床，床址要向阳、排灌方便，靠近移栽地。床土应充分细碎整平，混进腐熟的有机肥，作成宽 1.2 米的苗床，长度不限，播种量每平方米 5～6 克。播种要均，播后随即浇水盖土。如高温干旱，要搭棚遮阴，防止化苗。苗期管理主要是勤浇水，防止病虫，匀苗间苗，及时揭盖荫棚等。育苗移栽每亩用种量为 30～40 克，苗期一般为 25 天左右，当苗具 4～5 片真叶时，即可定植。

（五）适时播种、合理密植

早秋大白菜无公害栽培采用露地直播方式。生长期 50～60 天，8—9 月上市，品种选用早熟、耐热品种为主。正季大白菜，以直播为主，育苗移栽为铺。8 月中旬至 9 月上旬播种。11—12 月上市，品种选用中、晚熟产量较高的品种。无公害越冬大白菜，多在 10 月播种，翌年 3—4 月上市，品种选用晚熟品种清明白菜。一般早熟品种行株距 43 厘米×33 厘米，每厢宜栽植 3 行，亩密度为 4 600 株中熟品种如晋菜三号，株型紧凑者，开展度小，每厢宜栽 2 行，以 50 厘米×40 厘米为宜，亩密度为 3 300 株。如鲁白三号开展度大者，行株距为 50 厘米×45 厘米，亩密度为 2 900 株。同一品种，肥地宜稀瘦地宜密，适期播种的宜稀晚播的宜密。

（六）田间管理

1. 幼苗期

（1）匀苗、间苗和定苗。直播的秧苗出土后及时匀苗、间苗和定苗。一般分 3 次进行，第一次在 1～2 片真叶时，苗距为 3 厘米左右。第二次在 3～4 片真叶时，苗距 5～6 厘米，每穴留苗 3～4 株。第三次在 5～6 片真叶时实行定苗，每穴只留苗一株。在匀苗过程中，要注意除去弱苗和病株，留下大苗、壮苗。

（2）浇水、追肥。直播的苗期在大田，这期间常有高温干旱天气出现，秧苗根系弱，因此苗期必须注意水肥管理，可用清淡粪水浇灌，干旱期每天 1 次，如苗期雨较多，可不必浇水，在 2～3 片真叶期，施尿素 1 次，每亩 3～5 千克，可以促使秧苗健壮成长。

（3）中耕除草。中耕在定苗后进行，不宜太晚，中耕不应太深，轻轻薅松表土就行。不要伤叶伤根。

2. 莲座期

可用尿素 10～15 千克，过磷酸钙 10 千克，硫酸钾 10 千克一起混合对水施入。

3. 结球期

追肥 1～2 次。每亩可用尿素 15～20 千克，过磷酸钙10～15 千克，硫酸钾 10 千克。

结球期还须注意保持土壤湿润，如遇干旱，须及时灌水。

注：夏秋大白菜生长期短，没有明显莲座期，在管理上应肥水猛攻，一促到底，不追施迟效肥料。间苗后追施腐熟的稀人粪尿每亩1 000千克，或尿素10千克。定苗后与植株封行时，各追施一次重肥，每亩施腐熟的稀人粪尿1 500~2 000千克，或配施复合肥15~20千克。收获前20天内不应使用速效氮肥。

（七）病虫防治

1. 病虫防治原则

以防为主，综合防治、优先采用农业防治、物理防治、生物防治、配合科学合理地使用化学防治，达到生产安全优质无公害大白菜的目的，不应使用国家明令禁止的高毒、高残留、高生物富集性、高三致（致畸、致癌、致突变）农药及其混配农药。农药施用严格执行GB 4285和GB/T 8321的规定。

2. 农业防治

因地制宜选用抗（耐）病优良品种，合理布局，实行轮作倒茬，加强中耕除草，清洁田园，降低病虫源数量。播种前应进行消毒处理：防治霜霉病，黑斑病可用50%福美双可湿性粉剂或75%百菌清可湿性粉剂按种子量的0.4%拌种，防治软腐病可用菜丰宁或专用种衣剂拌种。

3. 物理防治

可采用银灰膜避蚜或黄板（柱）诱杀蚜虫。

4. 生物防治

保护天敌、创造有利于天敌生存的环境条件，选择对天敌杀伤力低的农药，释放天敌，如捕食螨、寄生蜂等。

5. 药剂防治

（1）对菜青虫、小菜蛾、甜菜夜蛾等采用病毒如银纹夜蛾病毒（奥绿一号）、甜菜夜蛾病毒、小菜蛾病毒及白僵菌、苏云金杆菌制剂等进行生物防治；或用5%完虫隆（抑太保）乳油2 500倍液喷雾、安全间隔期7天，最多用2次。或50%丰硫磷1 000倍液喷雾，安全间隔期6天，最多用2次或4.5%高效氯氰菊酯30~45毫升，按说明

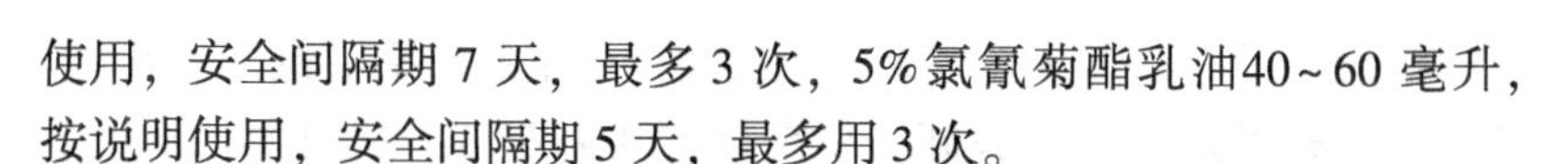

使用，安全间隔期7天，最多3次，5%氯氰菊酯乳油40~60毫升，按说明使用，安全间隔期5天，最多用3次。

（2）软腐病用72%农用硫酸链霉素可溶性粉剂4 000倍液、安全间隔期3天，最多用3次或新植霉素4 000~5 000倍液、安全间隔期3天，最多3次。

（3）霜霉病用69%安克锰锌可湿性粉剂500~600倍液、安全间隔5天，最多2次，或58%雷多料尔—锰锌500倍液、安全间隔期2天、最多3次。

（4）炭疽病、黑斑病可用69%安克锰锌可湿性粉剂500~600倍液、安全间隔期5天，最多用2次，或70%甲基硫菌灵可湿性粉剂1 500倍液、安全间隔期5天，最多用3次。

（5）病毒病可在定植前后喷一次20%病毒A可湿性粉剂600倍液、安全间隔期7天，最多用4次或OS—施特灵0.5水剂800倍液，安全间隔期3天，最多用4次。

（6）防治菜蚜可用吡虫啉1 500倍液，安全间隔期15天，最多用3次。

（八）适时采收

各季白菜在播种后，达到其生育期、结球坚实后及时采收。

六、西红柿栽培技术

番茄又名西红柿，风味独特，既可作菜又可当水果，是市场需求量大的蔬菜种类之一，深受广大群众喜爱。贵州高海拔山区非常适合番茄夏秋无公害栽培，目前，全县种植面积1 600亩，产量2 000~2 300千克/亩，最高亩产达5 000千克左右。

1. 环境选择

种植区域的土壤及灌溉水有关检测指标应符合农业部关于无公害蔬菜的要求。种植区周围没有污染源。

2. 品种选择

选择高产、品质优良、较抗晚疫病及毒素病品种，适宜高海拔区域夏秋无公害栽培品种有红宝石2号、中杂9号、中杂12号、渝抗2

号、渝抗4号。红宝石2号无限生长型，中早熟，果实圆形，红色，有光泽，耐贮运，生长势旺，单果重120克左右，抗病力强，产量高；中杂9号无限生长型，生长势强，果实圆形，粉红色，品质优良，单果重150~200克，抗病毒病，叶霉病和枯萎病；中杂12号无限生长型，早熟，果实红色，果实圆形，单果重近200克，品质好，抗病毒病、叶霉病和枯萎病；渝抗2号有限生长型，早熟、成熟果大红色，扁圆形，商品性好，平均单果重250克左右，抗病毒病和枯萎病能力强，耐晚疫病，抗热，结果率高；渝抗4号有限生长型，早熟，果实大红色，近圆形，商品性好，耐贮运，平均单果重200克左右，抗病毒病和枯萎病能力极强，较耐青枯病和晚疫病，抗热，夏季高温结果好。适宜贵州栽培的樱桃番茄品种有台湾圣女果，无限生长型，第一穗花着生于第8节，平均每穗20~30个果，果实鲜红色，椭圆形，平均单果6克左右，可溶性固形物含量9%~10%，甜酸适度。耐贮运，亩产量3 000~4 000千克。荷兰米克，中熟无限生长型，植株生长势强，第一穗花着生于6~7节，平均每穗30~40个果，平均单果重7克，果实深红色，扁圆球形，果皮厚，果味佳，前中期产量集中，亩产量3 000~3 500千克该品种耐高温，抗枯萎病、黄萎病、病毒病。

3. 海拔高度选择

高海拔地区，夏季温度相对较低，气候凉爽，棉铃虫、蚜虫等害虫较少，病毒病较轻，有利于无公害栽培。夏秋番茄无公害栽培最适宜区海拔1 800~2 200米；适宜区为海拔1 300~1 800米；次适宜区为海拔900~1 200米，普定大部分地区属于适宜发展区。

4. 播种育苗

海拔1 000~1100米地区，播期以6月5—15日为宜，海拔1 200~1 400米地区，播期以5月30日至6月10日为宜，1 400~1 800米地区，5月20—30日播种为宜，8月底至10月中旬供应市场，亩播种量25~35克，选择地势较高，排水性好，3年未种过茄科作物的地块建立苗床，床土配制时加入1/3腐熟农家肥。播种后至一片真叶前搭荫棚或用遮阳网遮阴，防暴雨拍击，防止病害突发。幼苗

生长期要及时均苗浇水，加强蚜虫及晚疫病防治，生长弱时可追一次腐熟清粪水，由于夏季高温，秧苗生长快，苗龄 30 天左右即可移栽。不经假植直接移栽时，播种密度宜稀，以每亩 2 300 株为宜，有利于培育壮苗。

5. 开厢、施肥与定植

（1）开厢。夏秋番茄以深沟窄厢栽培为宜，厢宽 85~90 厘米，沟宽 43 厘米，厢高 20~23 厘米，每厢定植 2 行。

（2）施足基肥。番茄需肥量大，每亩穴施或沟施腐熟有机肥 2 500~3 500 千克，复合肥 50 千克或过磷酸钙 25 千克，钾肥 20 千克或草木灰 100 千克。

（3）定植。在厢面上挖穴移栽，栽后随即浇足定根水。定植苗龄 6~7 片真叶为宜。栽植密度：大果有限型品种行株距 50 厘米×33 厘米，每亩 3 000 株左右，大果无限型品种行株距 50 厘米×40 厘米，每亩 2 300 株左右。樱桃番茄每亩栽植 2 200 株左右。

6. 田间管理

（1）追肥。番茄需肥较多，一般追肥 4~5 次。定植成活后施一次，促进幼苗生长；第一台果开始膨大时，施第二次追肥；第一台果成熟前施第三次肥；第 1~2 台果采收后，第 3~4 台果迅速生长期，施第 4 第 5 次追肥。追施腐熟的人畜粪水，前期稀、后期稍浓。如前期生长势较差，叶色淡黄，每亩可加施尿素 8~10 千克；施用标准氮肥不能超过 20 千克/亩；果实生长期可用 1%过磷酸钙或 0.3%磷酸二氢钾叶面喷施 1~2 次，促进果实发育，采收前 1 个月禁止叶面喷施氮肥。无限生长型品种，结果前不宜追肥过多，避免植株徒长。

（2）水分管理。夏秋番茄栽培前期，正值雨季，应注意排水，要做到厢沟不积水，排灌分开，避免串灌，减轻病害发生。结果期如遇伏旱，应结合施肥浇水，保持土壤有足够水分。

（3）中耕、搭架。第一次追肥时中耕一次；搭架前进行第二次中耕并结合培土。植株约 30 厘米高时，开始搭架，搭架后要及时进行绑蔓。

（4）整枝、打杈、摘心。为调节营养生长与生殖生长的矛盾，减少养分消耗，增强通风透光，减轻病害，需及时进行整枝、打杈、摘心，抹芽最好在露水干后进行，避免病毒病通过汁液传播。红宝石2号、中杂9号、中杂12号、渝抗2号、渝抗等进行双干整枝。樱桃番茄进行2~4干整枝。

7. 病虫害防治

(1) 虫害。夏秋番茄主要虫害有蚜虫、棉铃虫。

①蚜虫：在整个生育期，均可为害茎和叶，并易传染病毒病。可用黄板诱杀，用30厘米×30厘米的黄色塑料板涂机油或凡士林诱杀。药剂用10%蚜虱净，50%辟蚜雾可湿性粉剂2 000倍液，2.5%功夫乳油3 000倍液交替使用。

②棉铃虫：1~2龄幼虫为害花、蕾、嫩叶、嫩茎，3龄后幼虫为害果实。用20%杀灭菊酯4 000倍液或2.5%溴氰菊酯6 000倍液或90%敌百虫1 000倍液，50%敌敌畏乳油，在花期及初果期连续喷1~2次。

(2) 病害。夏秋番茄主要病害有晚疫病、枯萎病、病毒病。整个生长期均易受晚疫病为害，枯萎病常在开花结果期开始发生，用农业措施和药剂防治相结合。

①施用腐熟有机肥，适当增施钾肥，提高作物抗病能力。

②高畦窄厢栽培，做到田间不积水，减轻病害流行。合理密植，及时搭架整枝，捆绑打杈。清除病叶、病果、病株及杂草，搞好田园清洁。植株调整宜在晴天进行，先健株后病株，减少传染途径。

③实行3年以上轮作，与非茄果种类作物交替种植。

④选用抗病品种：中杂9号、中杂12号等较抗晚疫病，渝抗2号、渝抗4号等抗枯萎病。

⑤药剂防治：晚疫病，发病前喷1：1：100倍液波尔多进行保护。发病初期控制中心病株和中心地块，用64%杀毒矾可湿性粉剂500倍液或40%乙膦铝（疫霜灵）200倍液或25%瑞毒霉（甲霜灵）可湿性粉剂800倍液喷雾。枯萎病，用生物农药150木霉制剂（贵州农科院研制）和米糠1：10混匀沾根，并及时浇定根水，或在发病初期用瑞枯霉400~500倍液与70%敌克松原粉1 000倍液混合或50%

多菌灵500倍液灌根，每穴灌药水500克。病毒病，番茄常见的病毒病有花叶病和蕨叶病两种，主要通过蚜虫和汁液传播；播前用清水浸种3小时，再用10%磷酸三钠溶液浸种或6%高锰酸钾浸种30分钟，并用清水洗净后播种，培育壮苗、选用无病苗移栽、拨除田间重病株，田间操作避免人为接触传染，搞好蚜虫防治；发病初期用病毒A可湿性粉剂500倍液或高锰酸钾1 000倍液喷治。

8. 及时采收

采收期以产地与销售市场的距离而定，距离远，运输时间长，可在番茄变色期至半熟期采收，并在初霜来临前采收完毕。采收后期气温较低，果实不易转红，可用乙烯利进行人工催熟。催熟方法：将青熟果实装入筐中，用2 500毫克/千克乙烯利溶液浸透，随即取出置于23℃左右环境中，几日即可转红。采收时严格执行农药安全间隔期。

七、韭黄栽培技术

（一）品种

选择选用抗病虫、抗寒、耐热、分株力强、外观和内在品质好的安顺的地方“大叶”韭菜品种。

（二）播种

（1）播种方式。育苗移栽。

（2）播种期。春播一般在3月中旬，夏播在4月下旬。秋播在8月下旬至9月中旬。

（3）播种量。每亩用种4~6千克。

（4）种子处理。可用干籽直播（春播为主），也可用40℃温水浸种12小时，除去秕籽和杂质。将种子上的黏液洗净后催芽（秋播为主）。

（5）催芽。将浸好的种子用湿布包好放在16~20℃的条件下催芽，每天用清水冲洗1~2次，60%种子露白尖即可播种。

（6）整地施肥。苗床应选择旱能浇，涝能排的高燥地块，宜选用砂质土壤，土壤pH值在7.5以下，播前需耕翻土地，结合施肥，耕后细耙，整平做畦。

基肥品种以优质有机肥、常用化肥、复混肥等为主，在中等肥力条件下，结合整地每亩撒施优质有机肥 6 000 千克，尿素 6.6 千克，过磷酸钙 60 千克，硫酸钾 12 千克，深翻入土。

(7) 播种。将沟（畦）普踩一遍，顺沟（畦）浇水，水渗后，将催芽种子混 2~3 倍沙子（或过筛炉灰）撒在沟、畦内，亩播种子 4~6 千克，上覆过筛细土 1.6~2 厘米。播种后立即覆盖地膜或稻草，70%幼苗顶土时撤除床面覆盖物。

（三）播后田间管理

1. 肥水管理

出苗前需 2~3 天浇一次水，保持土表湿润。从苗齐到苗高 16 厘米，7 天左右浇一次水，结合浇水每亩追施尿素 6.6 千克。高湿雨季排水防涝。立秋后，结合浇水追肥 2 次，每次每亩追施尿素 8.7 千克。定植前一般不收割，以促进壮苗养根。天气转凉，应停止浇水，封冻前浇一次冻水。

2. 除草

出齐苗后及时拔草 2~3 次，或采用精喹禾灵、盖草能等除草剂防除单子叶杂草，或在播种后出苗前用 30%除草通乳油（每亩 100~150 克），对水 50 千克喷撒地表。

（四）定植

1. 定植时间

春播苗，应在夏至后定植；夏播苗，应在大暑前后定植，以躲过高温多雨的 7、8 月；秋播苗，应在来年清明前后定植。定植时期要错开高温高湿季节，因为此时不利于定植后韭黄缓苗生长。

2. 定植方法

将韭黄苗起出，剪去须根先端，留 2~3 厘米，以促进新根发育。再将叶子先端剪去一段，以减少叶面蒸发，维持根系吸收与叶面蒸发的平衡。在畦内按行距 18~20 厘米、穴距 10 厘米，每穴栽苗 8~10 株，适于生产青韭；或按行距 30~36 厘米开沟，沟深 16~20 厘米，穴距 16 厘米，每穴栽苗 20~30 株，适于生产软化韭菜，栽培深度以

不埋住分蘖节为宜。

(五) 定植后管理

1. 水分管理

定植后连浇两次水，及时进行2~3次蹲苗，此后土壤应保持见干见湿状态，进入雨季应及时排涝，当气温下降到12℃以下时，减少浇水，保持土壤表面不干即可，土壤冻前应浇足水。

2. 施肥管理

施肥应根据长势、天气、土壤干湿度的情况，采取轻施、勤施的原则。苗高35厘米以下，每亩施10%~20%腐熟粪肥500千克；苗高35厘米以上，亩施30%腐熟粪肥800千克，同时加施尿素5~10千克，或加施复合肥5千克，天气干旱应加大稀释倍数。

(六) 软化韭菜

1. 培土割青

培土是使茎秆软化的主要措施，一般分2次进行：在苗高50厘米时进行第一次培土；约隔10天，割去上部青韭，再进行第2次培土。前后培土要求在20厘米厚。培土时需先施复合肥，再泼浇一次10%的人粪尿。

2. 覆盖遮光物

割青后，在韭菜上面盖上遮光物，使其不透阳光，进行软化。

3. 适时收割

当韭黄长到40~50厘米高时及时收割。

(七) 病虫害防治

主要病虫害：虫害以韭蛆、潜叶蝇为主；病害以灰霉病、疫病、霜霉病等为主。

1. 物理防治

糖酒液诱杀：按糖、醋、酒、水和90%敌百虫晶体3∶3∶3∶10∶0.6比例配成溶液，每亩放置1~3盆，随时添加，保持不干，诱杀种蝇类害虫。

2. 药剂防治

(1) 灰霉病。用6.5%多菌·霉威粉尘剂，每亩用药1千克，7

天喷一次。晴天用40%二甲嘧啶胺悬浮剂1 200倍液，或65%硫菌·霉威可湿性粉剂1 000倍液，或50%异菌脲可湿性粉剂1 000~1 600倍液喷雾，7天1次，连喷2次。

（2）疫病。用5%百菌清粉尘剂，每亩用药1千克，7天喷1次。发病初期用60%甲霜铜可湿性粉剂600倍液，或用72%霜霉威水剂800倍液，或用60%烯酰吗啉可湿性粉剂2 000倍液，或用72%霜脲·锰锌可湿性粉剂，或用60%琥·乙膦铝可湿性粉剂600倍液灌根或喷雾，10天喷（灌）1次，交叉使用2~3次。

（3）防治韭蛆。成虫盛发期，顺垄撒施2.5%敌百虫粉剂，每6亩撒施2~2.6千克，或在9~11时喷洒40%辛硫磷乳油1 000倍液，或用2.5%溴氰菊酯乳油2 000倍液。

（4）防治潜叶蝇。在产卵盛期至幼虫孵化初期，喷75%灭蝇胺5 000~7 000倍液，或用2.5%溴氰菊酯、20%氰戊菊酯或其他菊酯类农药1 500~2 000倍液。

八、茄子无公害栽培技术

茄子适应性强，优质高产，供应期长，营养丰富，特别富含维生素E，普定栽培面积较大。早熟栽培，12月中旬至翌年1月下旬，延晚栽培4月中旬至5月中旬，是夏季的主要蔬菜之一，产量1 000~2 000千克/亩。

1. 环境选择

种植区域的土壤及灌溉水有关检测指标应符合农业部关于无公害蔬菜的要求。种植区周围没有污染源。

2. 品种选择

主栽品种有安顺团茄、贵阳团茄、贵阳长茄、三月茄、黔丰紫长茄、黔茄一号、二号、三号、苏长茄等。亩播种量40~50克。

3. 海拔高度选择

夏秋反季节蔬菜栽培，气温高，雨水集中，病虫较重，栽培产量不高。在选择种植区域上，要选择海拔相对较高，气候比较凉爽的地区，病虫较轻，有利于无公害栽培，普定夏秋茄子无公害栽培适宜海

拔为 1 200~1 600 米。

4. 播种育苗

茄子育苗技术与番茄基本相同，但茄子种子发育和幼苗生长较慢，对温度要求比番茄高。播种期应比番茄提前。茄子播种后对温度的要求比番茄高。一般白天 22~25℃，夜温 17℃左右为好。育苗温度，尤其是土温，宜保持在 15℃以上，土温过低，根系发育不良，且易发生病害。为防止苗猝倒病和立枯病的发生，苗床必须选择 3 年以上未种过茄科蔬菜的地块进行换土，并进行土壤处理、消毒。床土配制应加 1/3 腐熟农家肥，播种后搭好荫棚或采用遮阴网遮阴，防止暴雨冲打，减少湿度，减轻苗期病虫害，加强水肥管理，肥宜选用清粪水或磷酸二氢钾。

5. 开厢、施肥和定植

（1）开厢。茄子宜高厢栽培，一般 1.3 米开厢，畦高 20~25 厘米、沟宽 30~33 厘米、每厢定植 2 行。

（2）施足底肥。每亩穴施或沟施腐熟有机肥 2 000~4 000 千克，复合肥 50 千克或磷肥 25 千克，钾肥 20 千克或草木灰 100 千克。

（3）定植。苗龄以 7~9 片真叶为好。在厢面上挖穴移栽，栽后立即浇足定根水。栽植密度，早熟品种行株距为 60 厘米×（33~35）厘米，中晓熟品种为 66 厘米×（35~40）厘米，每厢面 2 行，每穴一株。

6. 田间管理

（1）灌溉与排水。茄子的叶面积大，水分蒸发多，一般土壤要保持 80%的湿度。土壤水分不足，植株生长缓慢，甚至引起落花或导致果实粗糙、品质差。茄子生长的中后期气温较高，要注意及时灌水，保持适宜的温、湿度，以促进果实发育。浇水量的多少根据果实发育情况而定。当果实开始发育、露出萼片时，需要浇水，促进幼果生长；果实 3~4 厘米直径时生长最快，需水最多，要求多浇水；以后每层果实发育的始期、中期以及采收前几天，都需要及时浇水，以满足果实生长的需要。

当雨水过多时，要注意清理厢沟排水，以提高土温，促进根系的生长。

（2）追肥。定植还苗后，可追施较浓的粪水或化肥，以氮肥为主，10余天追施1次。亩限施尿素20千克，增施磷、钾肥。果实生长盛期需肥最多，可叶面喷施1~2次磷酸二氢钾。茄子采收期较长，前期和后期施肥都很重要。

（3）中耕培土。中耕早期宜深5~7厘米，后期宜浅3厘米左右。雨后转晴一般要中耕结合除草，当株高0.3米左右，要进行中耕培土。

（4）整枝摘心。为减少养分消耗，改善通风透光，及时摘除门茄以下的侧枝。开展度小的品种，可在门茄下的叶腋留1~2条分枝；大果型品种上部分枝除留每一花序下一侧枝外，其余侧枝也可摘除。门茄采收后，下部的老叶、茎叶可以摘除，以利通风透光，减轻病虫害蔓延。

（5）茄子落花及其预防。引起茄子落花因素较多，对于低温（15℃以下）引起的落花，可用生长调节剂35~40毫克/千克的防落素喷花，效果很好。对由于光照弱、肥水供应不足、花器构造上的缺陷而引起的落花，主要靠加强栽培管理。

7. 采收与留种

（1）采收。茄子定植后到开始采收所需时间，早熟品种40~50天，中熟品种50~60天，晚熟品种60~70天。判断茄子果实是否适于采收，可看萼片与果实连接处的环状带是否明显而定。如环状带明显，表明果实正在快速生长；如环状带不明显，即可及时采收。一般开花后20~25天就可采收嫩果。

（2）留种。选择符合本品种特性的第二、第三层果实留种，一般开花后50~60天种子充分成熟，果皮黄色或黄褐色时采收。采收种果一般后熟7~10天，切成数块在水中捣碎，取出种子，洗净、晒干、收藏，团茄一般80~120千克鲜果可收1千克种子，长茄一般120~180千克收1千克种子。不同品种间留种，一般需隔离50~100米防杂。

8. 病虫害防治

（1）虫害防治。

①小地老虎：为害症状略。

防治方法：农业防治清洁田园，种植诱集植物，并在3龄前喷洒90%晶体敌百虫1 000倍液防治。诱杀成虫用糖醋液或黑光灯诱杀越冬代成虫，在春季成虫发生期设置诱蛾器（盆）诱杀成虫。诱捕幼虫采用新鲜树叶或菜叶诱集捕捉。药剂防治用2.5%敌百虫粉每亩2.0~2.5千克喷粉，或用90%晶体敌百虫800~1 000倍液或50%辛硫磷乳油800倍液喷雾。

②茶黄螨：为害茎、叶和果实。在温度16~23℃、湿度80%~90%时为害最重。主要症状是叶片变硬、变细，叶面破裂，茎出现锈斑，果实脐部至果梗部出现黄褐色锈斑，逐渐扩大使果实硬化。

防治方法：选用抗病虫品种如长茄等。选择向阳、排水好的地块种植，避免连作。合理施肥以防止盛花、盛果期植株旺长。用73%克螨特2 000倍液、20%复方浏阳霉素1 000倍液、0.2~0.3度波美石硫合剂250倍液重点喷在背面、嫩茎、花、幼果，效果良好。

③茄黄斑螟：该虫钻蛀嫩梢，使被害枝条枯萎，主茎被害易折断，导致全株枯死。开花结果期，则蛀食花和果。

防治方法：用50%辛硫磷1 000~2 000倍液、2.5%溴氰菊酯1 250~2 500倍液、20%速灭杀丁1 250~2 000倍液喷雾效果较好。

④斜纹夜蛾：主要以中后期为害蛀食嫩梢。防治方法同黄斑螟。

（2）病害防治。

①褐纹病：叶片病斑近圆形，深褐色，病叶轮生小黑点，后期开裂或穿孔。茎、果病斑不规则，有明显轮纹，带有黑点。后期果实落地软腐。

病菌主要在土表病残株上越冬。种子带菌常引起苗猝倒。高温、高湿有利发病。

防治方法：选无病株和无病果留种。种子消毒，将种子浸在50℃温水中，持续25分钟后，取出放在清水中冷却或用100倍福尔马林浸种15分钟，再用清水洗后播种。及时处理病残株。与非茄科作物实行3~5年轮作。用70%甲基托布津1 500倍液喷雾。

②绵疫病（烂茄子）：幼苗为害引起猝倒，果实受害呈水渍状圆形病斑，逐渐扩大凹陷，使果实变色软腐。病菌在土内越冬，随风雨传播，高温高湿有利发病。低凹积水或植株繁茂有利病害蔓延。

防治方法：选择抗病品种，如团茄比长茄抗病。加强栽培管理、注意开沟排水，及时摘除烂茄和过密老叶及病虫株。药剂防治同褐纹病。

③黄萎病：受害初期叶片发黄逐渐变褐，后期叶片萎蔫下垂或脱落。为害严重时，叶片全部脱落，根茎枝维管束变褐色，果实小且质硬。

防治方法：种子消毒，用多菌灵500倍液浸种2小时或用80%的福美双拌种（药量占种子量的0.2%）。加强栽培管理，及时中耕、除草、培土，合理供肥供水。与非茄科类作物轮作。用64%杀毒矾500倍液或58%甲霜灵锰锌500倍液喷雾。

九、板田大蒜无公害生产操作规程

（一）品种选用

选用早熟高产品种“正月早”或“彭洲早”，要求种子无损伤、无病虫、种子饱满。

（二）播种

1. 稻田的准备工作

一是铲除田间稻桩，以利于覆盖稻草；二是放水漫灌使土壤充分湿润，有利于播种后种子发芽。

2. 施足底肥

底肥以完全腐熟的有机肥为主，辅以适量N、P、K三元复合肥，一般亩用有机肥2 500~3 000千克。

3. 播种时间

在水稻收割后及时播种，以秋分前头10天最适宜，最迟不超过10月中旬。

4. 播种量

每亩用 125 千克，播种密度 3~5 厘米。

5. 播种方法

采用压插法，在湿润田块中，将蒜半瓣下部 1/3 压插入土中，此法出苗快，整齐，生长一致。

6. 稻草覆盖

将 3 厘米左右厚度的草均匀地覆盖在已栽蒜田上，不能过厚过薄，以防对出苗不利。

（三）田间管理

适时追肥，合理用水，及早清除田间杂草，注重病虫害的防治，以培育壮苗，为高产打下基础。关键技术有两点：一是注重水分管理和追施肥料，根据蒜苗长势播种后 1 个月内每亩施用 10~15 千克复合肥，如遇干旱天气，应进行全田漫灌，因板田大蒜不怕水涝，所以不必担心水分过多这一问题。二是板田大蒜杂草为害十分严重，是影响到板田大蒜产量高低的一个重要因素，所以必须及早铲除杂草，因板田大蒜覆盖稻草，人工除草极为不利，须采用化学除草剂，除草剂可使用板田大蒜专用除草剂，它对禾本科杂草及阔叶杂草均有很好的防治效果，但用药时间须在杂草三叶期。

（四）主要病虫害

病害：叶枯病、紫斑病、锈病、霜霉病。

虫害：根蛆、蚜虫。

（五）防治原则

预防为主：综合防治，以农业防治、物理防治、生物防治为主，化学防治为辅的无害化控制原则。

（六）防治方法

防治关键：以防叶枯病、根蛆为主，兼治其他病虫，做到苗期时治，春季重治，中后期巧治。

1. 农业防治

以非葱蒜类作物实行 2~3 年轮作；深翻炕土，清洁田园；集中烧毁室内外病残体，不用病残体堆制肥料；深施腐熟农家肥；提倡高畦窄厢丰产栽培，三沟配套，避免大水漫灌。

2. 物理防治

用糖：醋：水=1：1：2.5 加入少量敌百虫拌锯末诱杀根蛆成虫。

3. 生物防治

使用脱毒大蒜进行生产。

4. 化学药剂，见下表

表　化学药剂及使用方法

主要防治对象	农药名称	使用方法	安全间隔期（天）	每季最多使用次数
根蛆	50%辛硫磷乳油 50%乐果乳油 21%灭杀毙乳油 40.7%毒死蜱乳油	1 000倍液灌根或粗水淋茎 1 000倍液灌根或粗水淋茎 6 000倍液喷根茎部、厢面 1 000倍液灌根	10 5 7	1 5 3
蚜虫	10%大功臣可湿性粉剂 80%敌敌畏+40%乐果乳油 1.8%集畸虫螨虫乳油 2.5%天王星乳油（联苯菊酯）	4 000~6 000倍液喷雾 1 000倍液喷雾 3 000~4 000倍液喷雾 3 000~4 000倍液喷雾	7 5 3 4	3 2 3 2
叶枯病 紫斑病	50%速克灵可湿性粉剂 50%扑海困可湿性粉剂 80%山德生可湿性粉剂 70%代森锰锌可湿性粉剂 75%百菌清可湿性粉剂	1 000倍液喷雾 800 倍液喷雾 700~800 倍液喷雾 500 倍液喷雾 600 倍液喷雾	1 7 15 15 7	3 2 5 5 3
白腐病 锈病	15%粉锈宁可湿性粉剂 70%甲基托布津可湿性粉剂 75%百菌清可湿性粉剂	600~800 倍液喷雾 1 000倍液喷雾 600 倍液喷雾	3 5 7	2 3 3

（七）适时采收

蒜薹露出出口叶 7~10 厘米，现白苞后及时采收（促进蒜头膨大）。蒜薹上市标准：鲜嫩、粗细均匀，无伤口，无焦梢。

标头采收：标薹采收后 20~30 天，叶片 1/2 或 2/3 变黄即可采收蒜头。捆扎成束，晾晒。鲜蒜头上市标准：无泥，不开裂，无百合标，无伤口散瓣，蒜梗不超过 3.3 厘米，蒜头横径 3 厘米。干蒜头上

市标准：身干色白，无百合蒜，无泥，无根须，无伤口霉蒂，无瘪蒜、无僵瓣，蒜梗不超过 2.6 厘米，蒜头横径超过 2.8 厘米。

十、夏秋反季节无公害荷兰豆高产栽培技术

1. 种植区域

荷兰豆虽承受一定高温，但属喜凉蔬菜，为了实现优质高产栽培，须选择在海拔高度为 1 400 米的冷凉地区，要求年平均温 14℃。6 月、7 月、8 月平均温度分别是 19℃、21℃、20.5℃，生产无公害荷兰豆，环境条件达到 NY 5010—2001 无公害食品、蔬菜产地环境条件。

2. 品种选择

用优质高产抗病品种，新一代平成 818、奇珍 76、美国 603 品种。这 3 个品种抗白粉病，增产潜力大，品质较好，其中，新一代平成 818 可作出口日本、韩国基地用种，美国 603 不易现粒、品质好，商品优越可出口东南亚市场，在贵州省市场很受欢迎。

3. 种植田地选择

选择在土壤肥力为中上等水平的潴育型田块，要求排灌方便、保水能力强、通透性好，且二年内未种植过荷兰豆。

4. 整地

碎土起厢，厢限南北向，以利通风。美国 603 品种 1.3 开厢，厢面宽 80~990 厘米，厢沟深 20 厘米；新一代平成 818、奇珍 76 品种采取 1.1 开厢，厢面宽 70~80 厘米，厢沟深 20 厘米。

5. 播种时间

在每年 3 月上旬和 7 月上旬，可安排种植两季，一般第一季安排在 3 月上旬播种。5 月上中旬上市；第二季安排在 7 月上旬播种，8 月下旬上市，但不可连作，须换地栽种。

6. 播种密度

每亩掌握基本苗在 11 000~12 000 株，新一代平成 818、奇珍 76 单沟播种，株距 5~6 厘米；美国 6023 采用双沟播种，行距 60 厘米，窝距 20 厘米，每窝留 2 株。

7. 基肥

每亩使用腐熟有机肥 1 000~1 500 千克，三元复合肥 50 千克或撒可富 25 千克作基肥，集中沟施或窝施。新一代平成 818 和奇珍 76 单沟播种可采用沟施，在厢面中心线左侧或右侧，挖深 15~20 厘米施肥沟，施足基肥后再覆上土，又于厢中心线处挖深为 5~6 厘米播种沟，播种后覆盖 2~3 厘米碎土，在播种后 10 天左右要求保持土壤湿润，有利于苗齐，美国 603 采取窝施基肥，在基肥旁边播种，再次覆盖 3 厘米左右泥土。

8. 追肥

苗期追肥亩用 18 担清粪水对 3 千克尿素提苗；成株期每亩可施用尿素 10~15 千克，以补充氮肥，确保苗架；初花期亩施用复合肥 15~20 千克，10 千克尿素，为了延长采收期，可在盛花期后 15 天，每亩使用氮肥 10 千克，三元复合肥 15 千克，以保持苗势。叶面追肥：在苗期若苗架差，可用氨基酸加磷酸二氢钾叶面喷施。在采收期每采收一次喷施一次氨基酸加磷酸二氢钾叶面肥。

9. 搭架引蔓

新一代平成 818 株高在 2 厘米左右，搭架时应选用 2. 5 的竹杆，每隔 2 米搭 1 个“人”字架，在“人”字架之间再用横杆，每隔 20 厘米左右缠一道线以有利于荷兰豆上架。美国 603 株高在 70 厘米左右，可匍匐栽培或搭架栽培，为了获得高产须采用搭架栽培，架高 1 米可缠 3~4 道线，把荷兰豆往上引，防治笼头。

10. 病虫防治

针对荷兰豆的主要病、虫害发生特点，使用药剂防治时应符合 GB 428 与 GB/T 8321 的要求。

（1）地下害虫。蛴螬、小地老虎、黄蚂蚁，每亩用地虫威 100 克，在播种时进行土壤处理。

（2）鼠害。每亩在播种后于田四周撒施嗅敌隆诱饵 0. 5 千克。

（3）土传病害。根腐病彩精品根腐宁，立枯病、猝倒病使用绿享 1 号或 2 号进行拌种和土壤处理，拌种用药量为种子重量 2‰~3‰，土壤处理用 1 200 倍液。

（4）褐斑病。使用火把 700~800 倍液或金雷多米尔 600 倍液喷雾；疫病使用凯瑞 1 200 倍液喷雾。

（5）蚜虫、斑潜蝇可使用杀虫双 400~500 倍液。

十一、无公害莲藕栽培技术

近年来，随着种植结构调整的深入和市场需求的增加，以及人们对生活质量要求的提高，通过更新莲藕品种，完善栽培技术使莲藕迅速发展成为特色种植经济作物。

（一）产地环境

莲藕栽培应选择有机质丰富，酸碱度适宜（pH 值 5.6~7.5），含盐量低（0.2%以下），耕作层深厚（30~50 厘米），保水保肥性好的肥沃黏质土壤。要求地势平坦、水源充足、水质良好、水利设施配套齐全，排灌便利，远离工业“三废”的地块。

（二）藕池建造

地块选好后，为保持田间常期有水层，本地通常是建池栽培，建池一般采用人工或用推土机将田挖出 60 厘米深的池，把池底整平打实，四周打池埂（高 30~40 厘米的土埂），然后回填土。为提高保水效果，有的在池底铺上一层塑料薄膜，薄膜与薄膜搭边处重叠 20 厘米，用塑料胶粘接，保证接缝不渗水。四周池埂边的塑料薄膜铺在池埂上要用土压实。农膜不能破损，农膜如有破损，应用塑料胶及时修补。

（三）整地施基肥

1. 整地

定植 15 天之前结合建池时回填土整地，深度 30~40 厘米，耙平土面，清除杂草和往年种植作物的残枝败叶和枯根茎。栽前灌水，用牲畜或机械和池使泥土呈浆状，保持水层 2~3 厘米，此后就可以定植了。

2. 施基肥

结合建池回填池土普施基肥，一般每亩施腐熟的农家肥3 000~4 000千克（或腐熟饼肥 250~300 千克），磷酸二铵 50~60 千克，复合微生物肥料 160~180 千克。第一年种植莲藕，每亩施生石灰 50~80 千克。

（四）藕种选择

选用抗病优质的品种。本地生产是以整藕作种繁殖。选藕种时挑选无病地块的藕作为藕种，选择的藕种要藕头饱满、顶芽完整、藕身肥大、藕节细小、后把粗壮、色泽光亮整齐一致；藕种适当带泥，无大的损伤、无畸形、无病虫害；藕种要保证最小藕藕枝有 1 个顶芽、2 个节间、3 个节；根据母大子肥的道理，藕种越大越好，一般每株不低于 1 千克，运藕种要轻拿轻放，防止碰伤藕种；藕种一般在临栽前挖出，做到随挖随选随栽，保持新鲜，从挖至定植以不超过 10 天为宜。一般每亩藕种用量 250~300 千克，每亩适宜芽头数 550~650 个。

（五）田间管理

1. 定植

（1）定植时间。应在春季日平均气温达 15℃ 以上，10 厘米地温达 12℃ 以上时开始定植。本地定植适宜时间为 4 月 20 日左右，即谷雨前后。

（2）定植密度。因品种、肥力条件而定。一般早熟品种密度要大些，晚熟品种密度要稀些，瘦田稍密些，肥田稍稀些。本地适宜定植密度为株距1.0~1.5 米，行距 1.5~2.5 米。

（3）栽植方法。栽植时田块四周边行藕头全部朝向田块内，边行离埂 1~1.5 米，田内定植行分别从两边相对排放，至中间两行间的距离适当加大至3~4 米，以防藕鞭过密。栽植深度 10~15 厘米，每穴排放整藕 1 支。定植穴在行间呈三角形排列，走向均匀，藕种藕枝呈 20°角斜插藕头，角度斜插入泥土，藕头入泥 5~10 厘米，藕头向内，最后节藕梢翘露泥面，以藕不漂浮为原则。

2. 水层管理

田间须常年保持水层，水层管理是与水温相对称的，水深随气温上升而加深。灌水管理按前期浅、中期深、后期浅的原则加以控制。定植期至萌芽阶段 4 月下旬水深宜为 3~5 厘米；浮叶出现后的生长

前期5月即立叶抽生至开始封行保持5~10厘米，有利于水温、土温升高，促进萌芽生长；生长中期（6—8月）保持水深10~20厘米；后把叶出现后的生长后期9—10月枯荷后，下降至5~10厘米；冬季藕田内冬季田间水层以地下藕不发生冻害为宜，水深一般3厘米，防止莲藕受冻。此外，要注意暴雨后及时排水降低水位，防止烂茎、烂叶，追肥前可适当排水降低水位，施肥后1~2天再保持水层，有利于提高肥料利用率。

3. 科学追肥

前期要最大可能地促进营养生长，以上促下，促进地下莲鞭分枝生长，因此要及时进行追肥，满足其生长所需各种营养，为高产优质打下坚实基础。在莲藕的生育期内要分期追肥2~3次。第一次在出现浮叶，刚长出1~2片立叶（定植后25~30天）时施肥，目的在于腐烂母本，促进藕芽生长；第二次在荷叶封行前，出现5~6片立水叶后（7月上旬即小暑前后）（定植后50~60天）时施肥；第三次在结藕前，终止叶出现（立秋前后）（定植后75~80天）时施肥，此时营养回流集中，促进藕节膨大。第一次每亩追肥腐熟粪肥1 500~2 000千克或尿素和硫酸钾各10千克；第二次追施腐熟粪肥2 000千克或复合肥20~25千克，尿素10千克；第三次追施腐熟粪肥2 000千克或尿素和硫酸钾各10千克，早熟品种一般只追2次肥。若于7月上中旬采收青荷藕，或田间土壤肥力较高，植株长势较旺，则第三次追肥可不施。施肥前应将田间水深降低，施肥后及时浇水冲洗叶片上留存的肥料，施肥时注意肥料不要落在荷叶上，不要在烈日下追肥，以防止灼伤叶片。施肥时也要注意不要踩伤藕鞭。

4. 转藕头

从植株抽生立叶和分枝开始到开始结藕以前，中国农业网为了使莲鞭在田间分布均匀，防止莲鞭长出田埂。应定期拨转藕头，生长初期每5~7天进行一次，一般应在晴天下午茎叶柔软时进行，以防因过莲鞭、茎叶较嫩以免操作时折断。

5. 摘花打莲蓬

藕莲的多数品种都开花结实。在其生长期内将其摘除，以利营养向地下部位转移。也可防止莲籽老熟后落入田内发芽造成藕种混杂。

6. 摘除老叶

立叶布满田面时，浮叶逐渐枯萎，应及时摘除，以便让田水尽可能多地接受阳光照射，以提高地温和改善通风条件，立叶枯黄也应及时予以摘除。

7. 除草

定植前，应结合耕翻整地清除杂草；定植后至荷叶封行前，随时人工拔除杂草，一般进行人工除草 2~3 次。水绵发生时，用 5 毫克/千克硫酸铜（水体浓度）防治，或水深放低至 5 厘米左右后浇泼波尔多液，每亩用药量为硫酸铜和生石灰各 250 克，加水 50 升。

8. 病虫害防治

莲藕病虫害主要有腐败病、褐斑病、蚜虫和斜纹夜蛾。防治时应按照“预防为主，综合防治”的植保方针，坚持以“农业防治、物理防治、生物防治为主，化学防治为辅”的无害化治理原则。农业防治时，通过选用抗性品种，培育壮苗，加强栽培和田间管理，科学施肥，实行 2~3 年轮作换茬，改善和优化池田生态环境，创造一个有利于莲藕生长发育的环境条件进行防治。药剂防治时，选用高效低毒、低残留农药进行适时防治。

（1）腐败病。对该病应以预防为主。主要通过选用抗病或无病品种、轮作换茬、减少伤口、田间消毒等措施防治。也可用 75%百菌清可湿性粉剂 500~800 倍液喷雾防治。

（2）褐斑病。亩用 25%多菌灵可湿性粉剂 500~800 倍液喷雾，安全间隔期 15 天以上；或用 75%百菌清可湿性粉剂 600 倍液喷雾，安全间隔期 15 天以上；或用 25%甲霜灵可湿性粉剂 600~800 倍液喷雾，安全间隔期 7 天以上。

（3）蚜虫。在清除田间的水生杂草，特别是水生寄生植物的基础上。亩用 40%乐果乳剂 800 倍液或 10%吡虫啉可湿性粉剂 600~800 倍液喷雾防治，安全间隔期 7 天以上。

（4）斜纹夜蛾。采取人工捕杀卵块、幼虫，用性信息素、黑光灯或糖醋诱杀成虫等措施防治，也可用 40%氰戊菊酯乳油 3 000~

4 000 倍液或 4.5%高效氯氰菊酯乳油 2 000~2 500 倍液喷雾防治，安全间隔期 10 天左右。

（六）采收与贮藏

1. 采收期

莲藕适宜采收期比较长，从谢花后即有新藕产生，直到翌年清明。青荷藕可于 7 月上中旬采收，青荷藕一般在 7 月下旬开始采收。采收青荷藕的品种多为早熟品种。在采收青荷藕前一周，宜先割去荷梗，以减少藕锈。枯荷藕一般于 9 月以后采收，可持续采收到翌年 4 月。提高莲藕产量的几个措施枯荷藕采收的方式有两种，一是全田挖完，留下一小块作第二年的藕种。二是抽行挖取，挖取 3/4 面积的藕，留下 1/4 不挖，存留原地作种。采收莲藕应根据每年季节价位的波动适时收获，具体可根据市场需求决定采收时间。扩大流通渠道，争取高价位上市，从而提高经济效益。

2. 采收技术

停水后当池面发白时，要浅锄 1 次，并打碎土块，以利保墒。在采藕前 10~15 天可将荷叶全部割去，采藕时应先找到后把叶和终止叶，二者连线前方即为藕的着生位置。秋分前采收的藕为嫩藕，含糖分高宜生食，寒露霜降后采收的藕成熟较好，淀粉含量高为老藕，宜熟食或加工藕粉等。

3. 贮藏

莲藕可在泥下安全越冬，因此，在不采藕时，可以在藕池内贮藏，但池内干燥时，应浇 1 次水，保持湿润，以防莲藕冻坏，降低品质。短期贮藏可带泥收刨后，用细潮沙层埋贮藏保鲜。

第二节　果树种植

一、无公害果品生产技术操作规程

1. 无公害果品概念

无公害果品系指在生态环境质量符合规定标准的产地、生产过程中允许限量使用限定的化学合成物质，按特定的生产操作规程生产，经检测符合国家颁布的卫生标准的水果产品。

2. 果园环境

（1）果园3千米以内不允许工矿等污染源存在。

（2）果园大气按 GB 3095—82 标准中的一级标准执行。保护地的大气污染浓度值按 GB 9137—88 执行。

（3）果园土壤应符合 GB 15618—1995 土壤环境质量标准中的二类二级标准，并要求土壤肥沃，适于果树生长，土壤 pH 值范围在 6.7~7.3。

（4）水质按 GB 5084—92 农田灌溉水质标准。

3. 果园建立

（1）栽植密度。

①草本果树：草莓8 000~10 000株/亩。

②藤本果树：篱架 200~300 株/亩，棚架 80~120 株/亩。

③木本果树：

乔化果树：40~50 株/亩。

矮化果树：80~110 株/亩。

短枝型和半矮化果树：60~70 株/亩。

（2）果园防护林选用与果树无互相传播病虫害的树种。

（3）果苗。

①各类果树苗木符合一级苗木标准。

②苗木检疫选用无病虫、健壮的苗木。自繁或从外地调运的种苗，均应进行严格检疫。

③果园间作各类果树不能混栽，禁止间作高秆粮食作物和薯类作物。

4. 生产技术

（1）土壤管理。

①清耕果园春季萌芽前，秋季落叶后，深刨果园 10~15 厘米，雨后及时松土保墒清除杂草。

②果园覆草常年覆草，厚度 15~20 厘米。

③果园生草选择白红三叶草，苕子、苜蓿等绿肥植物，每年割压3~4次。

④禁用化学除草剂除草。

（2）施肥。

①基肥以有机肥为主，3 000~5 000千克/亩，秋季落叶前开沟开穴施入，禁止覆在土壤表面。

②追肥每年在萌芽前，春梢停长，果实速膨期分3次追施，以化学肥料为主，氮肥可用尿素、碳酸氢铵，禁用氯化铵、硝酸铵；磷肥，可用过磷酸钙、钙镁磷肥，禁用硝酸磷肥；钾肥，可用硫酸钾，禁用氯化钾。也可用不含氯离子的果树专用肥。

③根外施用生长季节适时喷施叶面肥，浓度为0.3%~0.4%。禁用化学合成的生长调节剂。

（3）果园浇水果树萌芽前、封冻前，基肥施后各灌透水一次。生长季节视土壤墒情及时浇水。当土壤含水量低于田间持水量50%时，即灌水，保持田间持水量60%~80%。

（4）果园防涝挖排水沟严防雨季果园积水。

（5）果树修剪。

①叶面积系数4~5。

②亩枝量木本果树一年生枝量6万~8万个/亩，藤本果树一年生枝量3 000~4 000个/亩。

③透光度15%~20%。

④以冬季修剪为主，辅以生长季节修剪，正确运用疏、截、缩、割、剥、刻、拉等修剪方法。

（6）果树授粉花期利用蜜蜂、壁蜂传粉和人工授粉。

（7）疏花花前和初花期及早疏除过多花蕾。

（8）疏果合理负载在幼果期和生理落果后分两次进行，果品产量控制在2~3吨/亩，及时疏除病、虫、畸型果和过大过小的果实。

（9）果实套袋选用纸袋和塑膜袋在谢花后40天内完成，进行果实保护，采前20~30天去袋。

（10）摘叶转果为促进果实充分着色，在果实着色期摘去遮光叶片和转果。

(11) 病虫害防治以防为主，综合防治。

①人工防治及时剪除病虫枝叶，摘去病虫果实，捉拿金龟子，刮除枝干病斑和昆虫卵块。

②保护利用天敌利用瓢虫、青蛉等有益昆虫，防治蚜螨等害虫。

③化学防治。

做好病虫害预测预报，及时喷药防治病虫害。

允许使用农药托布津、甲基托布津、多菌灵、三唑酮、大生M—45、宝丽安、井岗霉素等生物制剂、Bt、阿维菌素、吡虫啉、灭幼脲、哒螨灵、螨死净、尼素朗。

石硫合剂生长期禁用，波尔多液果实采收前30天停用，套袋果实去袋后禁用。天王星、乐果，采前30天内禁用。

禁止使用农药，严格禁止使用剧毒、高毒、高残留或者具有致癌、致畸、致突变的农药。有机氯、有机磷、菊酯类、汞制剂、砷制剂、铅制剂、杀虫脒、呋喃丹等农药，任何时间禁用。

农药使用，严格按农药合理使用准则 GB 9321. 1—4 和农药安全使用标准 GB 4285—89 执行。

(12) 果实采收当果实已充分发育，并已充分表现出该品种因有的大小、色泽、风味时即可采收。

(13) 果实分级执行山东省果实分级标准。

(14) 果品包装需有无公害果品专用包装纸、袋、网套、果托、箱。

(15) 果品贮藏采用恒温库或气调库贮藏。贮藏库禁用农药和有毒化学品消毒，严禁无公害果品与普通果品混合贮藏。

5. 质量检测认证

由专门机构进行抽样检测，经检验合格后确认。

二、核桃种植

(一) 栽培价值

核桃是一种重要的油料果树，经济价值很高。核桃仁除富含脂肪

外，蛋白质、维生素和多种矿物质的含量也很高，常作为一种高级滋补品，并具有一定的医药效用。我国的核桃仁质量好，含油量高，深受国际市场欢迎。核桃与核桃仁都是重要的传统出口物资。

（二）种植技术

建园。选择交通方便、地势高燥、土质疏松、水源充足、排水通畅的轻壤土或沙壤地建园，要在向阳的南坡、没有大风袭击的地方。尽量回避积涝黏地和盐碱地。

密度及授粉。核桃喜光性极强，大部分优良品种又有中庸偏旺的树势，栽植密度平地一般株距4米，行距5米，山坡地株距4米，行距4米。虽然桃有自花结实力，但实践中发现，配置花期相近的授粉树，能显著提高大果率，授粉树的比例可按（4~5）：1安排。

起垄春植。经验表明，核桃树以垄上春栽为最佳定植模式。秋后或初春，按行距起垄（垄高20~25厘米，垄距0.8~1米）在垄上挖0.8米见方的定植穴，将50千克土杂肥与挖出的穴土混合回填，灌水沉实待植。春天再挖30~40厘米见方的小穴，施入0.5千克过磷酸钙，划线打点将核桃苗定植好，踏实灌水加盖地膜。

肥水管理。定植当年的5月中旬，株施50克尿素，7月中旬株施50克磷酸二胺，以后每年每株递增50克，再加秋施基肥。灌水时间可安排在肥后、萌芽前和干旱时。已经大量结果的树，可按产量施肥。株产量达50千克，株施有机肥80~100千克，再加尿素、磷酸二胺、硫酸钾各0.5千克。具体时间和用量为：基肥为全年施用的有机肥加全年追肥的1/3，即80~100千克有机肥混合上尿素、磷酸二胺、硫酸钾各150克，可于9月施入。催芽肥以氮肥为主，全年氮肥的1/3，即尿素、磷酸二胺各150克，可于萌芽前3月施入。花后肥以氮肥为主，全年氮肥的1/3，即尿素、磷酸二胺各200克，可于花后坐果后施入。硬核肥为全年钾肥的2/3，即硫酸钾350克，可于硬核期（时间因品种而异，约7月）施入。

夏季管理。核桃树坐果过多易出现“桃奴”并早衰，所以应及时做好疏花疏果，时间因品种而异，要求生理落果后进行，每果枝留2~4个果，也可按上、下、左、右间隔15厘米留一个果。然后及时套袋防裂、防锈、防病虫，采前半月除袋增色。

整形修剪。核桃的树形可以采用改良纺锤形。这种树形实质上是三大主枝开心形和纺锤形两种树形的组合。树高 2.5~3 米，干高40~50 厘米，在主干上间隔 10~15 厘米着生 3 个势力均等的主枝，各主枝的方位角约为 120 度，开张角度为 70 度左右，每个主枝配备 2 个侧枝或直接培养大型结果枝组。在三大主枝以上的中干上配备 6~8 个单轴延伸的小主枝，不分层，呈螺旋状着生，下部稍长，上部稍短。整个树冠下部呈盘子形，上部呈纺锤形该树形的特点是：下部三大主枝，树体牢固稳定，上部中干小、主枝上配置结果枝组，实现立体结果，不仅可以提高果实产量，还能减少主枝日烧，经过实践认为是一种较好的树形。幼苗定植后，在距地面 60~70 厘米处定干，萌芽后，将整形带以下的芽抹除，当新梢长到 20 厘米时，及早选定位置适宜的三大主枝按照方位、角度要求重点培养，其余新梢可摘心培养为辅养枝。并注意作为中干新梢的培养，可通过立干引绑、扶直中干的方法，使中干直立旺盛生长。当年可完成三主枝一中干的整形任务。第二年开始在主枝两侧培养侧枝和结果枝组，同时在中干上间隔 10~15 厘米交错培养小主枝。第二年达不到要求的，第三年可继续进行。

（三）病虫害防治技术

1. 缩叶病

（1）为害症状。核桃缩叶病主要为害核桃树幼嫩部分，以侵害叶片为主，严重也可为害花、嫩梢和幼果。春季嫩梢刚从芽鳞抽出时就显现卷曲状，颜色发红。随叶片逐渐开展，卷曲皱缩程度也随之加剧，叶片增厚变脆，并呈红褐色。春末夏初在叶表面生出一层灰白色粉状物，即病菌的子囊层。最后病叶变褐，焦枯脱落。叶片脱落后，腋芽常萌发抽出新梢，新叶不再受害。枝梢受害后呈灰绿色或黄色，较正常的枝条节间短，而且略为粗肿，其上叶片常丛生，严重时整枝枯死。

（2）防治方法。药剂防治，掌握在花瓣露红（未展开）时，喷洒一次 2~3 波美度的石硫合剂或 1：1：100 波尔多液，消灭树上越

冬病菌的效果很好。也可喷施45%晶体石硫合剂30倍液、70%代森锰锌可湿性粉剂500倍液、70%甲基硫菌灵可湿性粉剂1 000倍液等。加强管理，在病叶出现而未形成白粉状物之前及时摘除病叶，集中烧毁，可减少当年的越冬菌源。发病较重的核桃树，因叶片大量焦枯和脱落，应及时增施肥料，加强培育管理，促使树势恢复。

2. 核桃炭疽病

（1）为害症状。小幼果染病后很快干枯成僵果悬挂枝上；较大的果实发病后病斑凹陷、褐色，潮湿时产生粉红色黏质物（病菌孢子），病果很快脱落，或全果腐烂并失水成为僵果悬挂枝上。枝条发病主要发生在早春的结果枝上，病斑褐色，长圆形，稍凹陷，伴有流胶，天气潮湿时病斑上也密布粉红色孢子，当病斑围绕枝条一周后，枝条上部即枯死，病枝未枯死部分叶片萎缩下垂，并向正面卷成管状。

（2）防治方法。冬季修剪时仔细除去树上的枯枝、僵果和残桩，消灭越冬病源。多年生的衰老枝组和细弱枝容易积累和潜藏病原，也宜剪除。同时对过高过大的主侧枝应予回缩。以利树冠和枝组的更新复壮和清园、喷药工作的进行。在芽萌动至开花前后及时剪除初次发病的病枝，防止引起再次侵染；对发现卷叶症状的果枝也要剪除，并集中深埋。选栽抗病品种。加强排水，增施磷、钾肥，增强树势，并避免留枝过密及过长。萌芽期喷洒1~2次1：1：100倍波尔多液（展叶后禁用）。幼果期从花后开始，用锌铜石灰液（硫酸锌350克、硫酸铜150克、生石灰1千克、水100千克），7~10天1次，连续防治3~4次。

3. 核桃干枯病

（1）为害症状。发病初期病部皮层稍肿起，略带紫红色并出现流胶，最后皮层变褐色枯死，有酒糟味，表面产生黑色突起小粒点。树势强健时，病斑有时会自愈，树势衰弱时，则病斑很快向两端及两侧扩展，终致枝干枯死。患病枝初期新梢生长不良，叶包变黄，老叶卷缩枯焦，后随病部发展而枯死。

（2）防治方法。加强果园肥水管理，合理修剪，合理留果，防止树势衰退。发病后用利刀刮除病斑后，用硫酸铜 100 倍液涂刷伤口。核桃树生长期在喷多菌灵、代森锌及锌铜石灰液等防治其他病害时，同时注意对枝干部的喷药保护。加强土壤管理，合理施肥，改良土壤，增强树势。

4. 虫害

有蚜虫、潜叶蛾、红蜘蛛、食心虫等，树体衰弱时还易受介壳虫危害。

防治方法。3 月中下旬，核桃萌芽前喷索利巴尔或 5 度的石硫合剂，防治越冬的红蜘蛛及蚜虫等。4 月上旬后，核桃铃裆花时，喷一遍蚜虱净或中干涂桃蚜净原液（不用剥树皮）防蚜。4 月底至 5 月初，喷一次菊酯类农药加多菌灵，或喷桃蚜灵防治蚜虫。6 月下旬，喷灭幼脲 3 号加代森锰锌加穿孔灵，主要防治潜叶蛾和细菌性穿孔病。

（四）采收和贮藏

核桃果实以总苞由绿转黄、部分自然开裂时为采收适期。采收过早，总苞不易剥离，出仁率和出油率均降低。采后总苞未自行脱落的须沤制脱皮。即将核桃堆积于场地上，堆高 30~50 厘米，上用湿草席等覆盖，经 3~5 天，用棍轻击，青皮即可脱落。也可用 40%乙烯利 500~1 000倍液浸泡未脱皮的核桃，然后堆放 24 小时，再用棍敲打，青皮极易脱落，且核壳光洁，不受污染。

脱皮后的湿核桃，及时用水冲洗，并立即漂白。出口外销的核桃必须经过漂白，以增进美观。先将漂白粉配成 80 倍的溶液，然后将核桃放入，不断搅拌，8~10 分钟后捞出核桃，再用清水冲洗干净，摊放席箔上晾干。晾干时应勤加翻动，避免背光面发黄，影响品质。当核仁变脆、断面洁白，隔膜易碎裂时，即可置冷冻干燥通风处收藏。贮藏期间经常检查，注意防潮和防止鼠害。遇有个别霉烂变质时，要取出晾晒。

三、柑橘种植

（一）种植技术

建园。根据柑橘的习性及其所需环境条件选择排灌、交通方便的

地方，坡度20度以内，南向或东南向缓坡丘陵地为好。一般在春梢萌动前的2月下旬至3月下旬，也可在10月下旬至12月上旬，可根据气候条件和苗木等具体安排。定植的距离根据品种特性，地势、土壤、砧木、耕作管理方式等而定。定植沟宽深在0.8米左右，栽植密度每亩60~70株，坡地栽植要整好梯土，建园后要注重全园深翻改土。

土肥水管理。土壤管理，行间留草少耕，树盘外可全部生草，冬季用草覆盖树盘减轻冻害，伏旱严重地区用草覆盖树盘可降低土温减少蒸发。橘园要注意改土和培土。施肥，每年2月下旬至3月上旬，施一次催梢肥，以速效氮为主，5月中旬至6月中旬施稳果肥，看树势而定。7—9月施壮果肥，落果前后（10月下旬至11月上旬）灌施一次以腐熟人畜粪为主的有机肥，时间宜早不宜迟。每次施肥应施在树冠投影的外缘地带，有机肥深施35厘米以上，追肥和化肥浇施10~15厘米。排灌，7—9月旱季要及时灌溉。花果管理，合理修剪，控梢，调节好生长与结果的关系，合理调控大小年结果现象。前期以保花保果为主，花蕾期，开花前后和生理落果期喷施0.5%尿素加0.2%~0.3%的磷酸二氢钾。如第二次生理落果后树上留果太多，可适当疏果，宜在7月上旬开始，疏果的目的是保持树势，提高果实品质。及时采果，成熟度达70%要及时采摘，迟采果会过多消耗树体营养，不利于芽分化，不利于树体越冬，对次年高产稳产造成影响。修剪，剪去枝叶总量不超过20%，采用挖土促下，适应疏剪；短栽与缩剪相结合的方式，将病虫枝、交叉枝、退化枝、过于纤细枝、拖地枝、徒长枝、重叠枝等剪除，有生机的青枝绿色尽量保留；对外围采取“开天窗”疏剪方法，增强内膛光照；适当控制树冠（2.5米以内），使树冠表面呈凹凸形，小空大不空。

（二）病虫害防治技术

1. 衰退病

（1）为害症状。该病的症状随砧木和接穗的不同，表现各异。以酸橙作砧木嫁接甜橙的苗，一般在嫁接当年6—7月开始呈现症状，病树抽发的上部叶片，主侧脉附近的叶肉黄化。后期，常常在黄化的叶片中间保持一些绿色的斑块，叶子呈现斑驳症状。到第二年，黄化症状不显著，但生长衰弱，植株矮化，嫁接口上部的主干表现出比砧木稍肿大的现象。用刀切下嫁接口交叉处的皮层，可看到病树的内皮层上出现“蜂窝”状陷点，木质部外表则出现许多刚毛状小刺突起。一般植株开始发病时，病枝上不抽发或少抽新树梢，老叶失去光泽，出现古铜色和各种类似缺素的症状，老叶黄化并逐渐脱落，有的主脉及侧脉附近黄化，病枝从顶部向下枯死，根系也枯死、腐烂。病树一般比较缓慢地凋萎，有时病树的叶片突然萎蔫，干挂树上，这种情况称为迅速衰退病。

（2）防治方法。在无橘蚜的地区，对零星感病者铲除病株，在病害区选用酸橘、江西红橘等耐病品种作砧木，减轻病害的发生及为害。选用无病毒的繁殖材料，目前对衰退病毒脱除效果较好的方法是茎尖微芽嫁接法。在柑橘生长期要及时防治传播衰退病的各种虫害。

2. 红蜘蛛

（1）为害症状。以口器刺破寄主叶片表皮吸食汁液，被害叶面呈现无数灰白色小斑点，失去原有光泽，严重时全叶失绿变成灰白色，造成大量落叶、枯梢，也能为害果实及绿色枝梢，影响树势和产量。

（2）防治方法。化学防治是对付柑橘红蜘蛛的重要手段。但是，红蜘蛛特殊的生物学特性使它们极易形成抗药性。因此切忌滥用、乱用农药。在进行化学防治时要特别强调以调查测报为指导，只有当达到防治指标（春、秋梢转绿期平均每百叶虫数100~200头；夏、冬梢每百叶虫数300~400头），而天敌数量又少时，方可决定化学防治。可供选用的药剂有夏螨杀2 000~3 000倍液，卵螨尽1 500~2 500倍液，三唑锡2 000~3 000倍液，螨快克1 500~2 000倍液，红蛛龙1 000~1 500倍液，摧螨散1 000~1 500倍液。由于柑橘红蜘蛛极易产生抗药性，而且获得的抗药性可以遗传，因此在使用化学药剂时合理交替轮换，千万不要长期连续使用同一种药剂，以防止或延缓红蜘蛛产生抗药性。

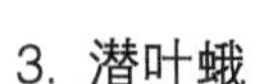

3. 潜叶蛾

（1）为害症状。柑橘潜叶蛾是柑橘的主要害虫。以幼虫潜入嫩叶、嫩梢的表皮下取食，蛀成不规则的银白色隧道，引致叶片畸形卷曲，容易落叶，严重影响光合作用，影响幼树生长和结果。被害的卷叶又常是柑橘红蜘蛛等害虫的“避难所”和越冬场所，更严重的是潜叶蛾为害叶片和枝条所造成的伤口，最易被柑橘溃疡病病原细菌所入侵，贻害更大。

（2）防治方法。应采取“抹芽控梢，成虫低峰期统一放梢，适时喷药保梢”等综合措施。抹芽控梢的原则是去早留齐，去零留整，使抽梢一致，以恶化潜叶蛾幼虫的食料条件。成虫低峰期统一放梢，由于潜叶蛾处在36℃以上的高温时生殖腺发育会受抑制，而在“大暑”至“立秋”前后的田间气温普遍高于36℃，故此，这段期间可堪称放秋梢的安全期，在可能的情况下选择此期间统一放梢，就有可能避过其为害。药剂防治，白螨虱尽1 000~1 500倍液、蛾特杀1 000~1 500倍液、蛾决灭1 000~1 200倍液，抑宝800~1 000倍液、10%兴锦宝2 000倍液等。

4. 失尖蚧

（1）为害症状。失尖蚧为害柑橘叶片、枝条和果实，吸取营养液。轻则使叶褪绿发黄，果皮布满虫壳，被害点青而不着色，影响商品价值；重时树势严重衰退，不能抽枝和结果乃至全株死亡。失尖蚧为害严重的树，柑橘炭疽病常混同发生，促使植株早枯。

（2）防治方法。冬季修剪整形时，为害一般的植株剪除带虫的被害枝条，散堆在果园四周不销毁。因为虫体在被剪枝叶上不再继续对活树危害，寄生在虫体内的寄生天敌却得以保存，翌年春季飞到第一代若虫上寄生。药剂防治，策略是控两头压中间（代），由于越冬代雌虫产卵期长，卵量大，所在为害严重的园地，防治第一代一般要进行两次。一般在幼虫蜡质层尚未形成时喷药最佳。药剂一般有机油乳剂、喹硫磷、杀扑磷、毒死蜱、噻嗪酮等。

5. 炭疽病

（1）为害症状。主要为害叶片、枝梢、花和果实。叶片感病病斑多从叶尖开始，初呈水渍状暗绿色，后变为淡黄色或黄褐色，以后小斑迅速扩展为不规则形大斑，边缘不明显，似云纹状，其上产生大量朱红色带黏性的小液点，病叶易脱落；叶尖或叶缘出现半圆或近圆形黄褐色病斑，以后扩大成不规则形，病健组织分界明显。天气潮湿时，病部出现朱红色带黏性小液点，天气干旱时，干枯病部呈灰白色，表面密布同心轮纹排列的小黑点。病叶脱落较慢。枝梢感病病梢由上而下枯死，多发生在寒害后的枝梢，初期病部为褐色，后呈灰白色，其上散生许多小黑点，病健组织分界明显。多从叶柄基部腑芽处或从受伤皮层开始发病。病斑初为淡褐色，随圆形，后变成梭形，当病斑环绕枝梢时，病梢由上而下枯死。花开后，病菌侵染雌蕊柱头，呈褐色腐烂，引起落花。幼果受害，初呈暗绿色油渍状不规则形病斑，后扩展至全果。天气潮湿时，病果上长出白色霉状物及淡红色小液点，以后病果腐烂干缩成僵果，不脱落。长大后的果实受害，其症状表现有干疤、泪痕和腐烂 3 种类型，果梗受害，造成“枯蒂”，果实随之脱落。苗木多在离地 6~10 厘米处或嫁接口处开始发病。病斑深褐色，形状不规则，严重时可引起上部枝梢死亡。

（2）防治方法。加强肥水管理，柑橘园要深翻改土，增施有机肥和磷钾肥，避免偏施氮肥，及时排灌、防旱保温及防虫；及时修剪衰弱枝，改善通风透光条件，增强抗病能力；剪除病梢、病叶、病果梗，清除落叶、落果，清园后喷 1 次 1~2 波美度的石硫合剂或 40%灭病威 500 倍液；化学防治在落花后及落花后一个半月内进行喷药，每隔 10 天左右喷 1 次，连续喷 2~3 次，在 7、8 月间再喷 1 次，以防落果。药剂可用 40%灭病威 500 倍液，65%代森锌可湿性粉剂 500 倍液，70%甲基托布津可湿性粉剂 800~1 000 倍液，50%多菌灵 800 倍液。

6. 溃疡病

(1) 为害症状。受害叶片开始于叶背出现黄色或黄绿色针头大小的油渍状斑点，以后逐渐扩大继而在叶片两面逐渐隆起，成为近圆形、米黄色病斑，不久病部表皮破裂，呈海绵状，隆起显著，木栓化，表面粗糙，灰白色或灰褐色。随后病部中央凹陷并呈火山口状开

裂，且有微细轮纹，周围有黄晕，病斑直径一般为3~5毫米，有时几个病斑聚合呈不规则形大斑。枝梢受害以夏梢为重，病斑形状与叶上相似，但突起明显，周围无黄晕，严重时引起落叶、枯梢。果实上病斑与叶片相似，但病斑较大，木栓化程度比叶部更为坚实，火山口开裂更为显著。病斑限于果皮上，发生严重时引起早期落果。

（2）防治方法。农业防治：建立无病苗圃，培育无病苗木；加强田间管理，冬季做好清园工作，收集落叶、落果和枯枝，集中烧毁；合理施肥，适时抹芽，控制新梢徒长。化学防治：苗木或幼树以促梢为主，在新梢萌芽后20~30天喷第1次，叶片转绿期喷第2次；成龄树以保果为主，保梢为辅，保果在谢花后10、30、50天各喷1次。药剂可用50%代森铵水剂500~800倍液；25%叶枯宁可湿性粉剂500~1 000倍液。

四、梨树的种植

1. 苗木

砧木选择杜梨，其根系深而发达，须根多，适应性强，抗涝、抗盐碱，早结果早丰产。当前优良品种有早生新水、长寿、翠冠、西子绿、新雅、清香、金二十世纪、丰水、新高等，注意早中晚搭配和形成主导产品结合，普定县种植较为广泛，且经济效益较好的品种主要是秋锦梨、黄金梨。成苗要求侧根5条以上，长20厘米，茎粗度0.8厘米以上、高度100~120厘米，饱满芽数8个以上；芽苗侧根4条以上，长20厘米，茎粗度0.6厘米以上，接芽饱满，无病虫害。

2. 建园

园地周围1 000米内无空气和水的污染排放源。土层深度不低于50厘米，地下水位在0.8米以下，土壤肥沃，有机质含量在1.0%以上，pH值6~8，含盐量不超过0.12%，交通便利。应以1~4公倾为一小区，主干道、支干道形成网状道路。配备完整的排灌系统，包括围沟、主沟（主干道旁）、支沟（支干道旁）及畦沟。

栽种时间分为秋栽和春栽，南北行向作畦，畦宽3~4米，充分捣碎土块并使畦面呈弓背型，畦顶高出畦沟面0.5~0.6米。在畦中央挖深0.6~0.8米，宽0.6~0.8米的大穴，表土和深层土放于两边。每穴施有机肥40~50千克，加0.5~1千克过磷酸钙与表土均匀搅拌施入踩实，深层土捣碎放于其上踩实。

栽植前对苗木根部进行剪根，并采用浸水、蘸泥浆和浸蘸ABT生根粉等方法处理，栽植时将苗根在穴中央向四周摆布均匀，然后边填土边向上稍稍提苗，边踏实土壤，苗木嫁接口应略高于地平面2~3厘米。密植栽培，以行株距4米×1.5米，或3米×2米，或4米×2米，每亩栽83~111株为宜。

选择授粉品种本身经济价值高，丰产，与主栽品种授粉亲和力好，花量花粉量大，与主栽品种花期一致。一般主栽品种3~4行配置1行授粉品种。

3. 土肥水管理

根据土壤墒情，结合施肥进行适量灌溉，大力推广滴灌、喷灌、渗灌和覆盖地膜、生草、覆草等节水、保墒措施以及化学除草工作。

9月中下旬早秋施肥应采取条状、环状或全园耕翻方法施入，肥料以腐熟的禽畜有机肥为主，施肥量每亩在1 500~2 000千克，过磷酸钙100~150千克，干制有机肥每亩在500~600千克，具体根据产量及树体生长情况而定。

在梨果迅速膨大期，应施入以钾肥为主，配以磷、氮肥，可提高果品的产量和质量，并可促进花芽分化。在果实采收后，视梨树生长情况，进行产后根外追肥，以延迟叶片脱落，恢复树势。

注意春雨季节、梅雨前后、伏旱时期以及秋季的排水和灌溉工作，一般认为梨树最适宜的土壤含水量为土壤最大持水量的60%~80%。

4. 整形修剪

根据梨树密植栽培“多留长放、养缩结合”的修剪原则，结合“以拉为主，拉剪结合”的方法，采用“小冠变则主干疏散分层形”的整形方式。拉枝时间为6—9月，注意枝条摆布均匀，留出光路和层间距离。

成苗定植时进行定干，定干高度一般在离地面40~50厘米，有

明显的中央领导干，第一层主枝 3~4 个，第二层主枝 2~3 个，第三层主枝 1~2 个，高度长到 2~2.5 米落头封顶。第一与第二层间距为 80~100 厘米，第二与第三层间距为 60~70 厘米。第一层主枝的基角为 45°左右，随着层次的提高，主枝基角依次缩小，每个主枝配 1~3 个侧枝，侧技间交互着生，避免相互交叉，影响光照。

对第一年抽生的枝条第二年朝四周均匀拉开，成为第一层主枝，拉成弓形，剪除梢部；在枝条的弓背处一般会抽生 1~2 根较长的枝条。第三年选 1 根在最上方靠近主干的长枝作为中央领导干的延长枝条，进行弓背状拉枝，在弓背处仍有长枝抽生，其余长枝向两侧平拉，作为侧枝，将来的大型结果枝组，中等长枝要剪除，留下有顶花芽的短枝。

5. 疏花疏果

冬剪时视结果枝量，疏除短枝、果台枝和过多的花芽，一般枝条上花芽隔一疏一。在萌芽后花初露白时疏花序，一般以 20 厘米左右保留一个花序，每一花序留 2~3 朵花。

疏果在落花后 10 天左右进行，花量多、树势弱、着果率高的应早疏。先疏去病虫果、歪果、小果、叶磨果、锈果等。一般隔 15~20 厘米留一果台，大果形一个果台留 1 个果，中果形一个果台留 1~2 个果，留果量视产量和品种特性而定，可适当多留预备果 10%~15%。疏果后保持叶果比在（25~30）：1。

6. 套袋

选用梨果专用袋。在落花后 15~35 天（绿皮梨落花后 15~25 天，褐皮梨落花后 20~35 天），一般在疏果结束后进行；套袋前喷杀虫杀菌混合药一次到二次，重点喷果面，在落花后 15~25 天进行。

7. 病虫害防治

病虫害防治应贯彻预防为主，综合防治的原则，强化病虫害预测预报工作。提倡农业和生物防治措施，保护和利用害虫天敌，改善害虫天敌的繁衍和生存环境。提倡使用生物农药，选用高效低残留农药以及适宜的剂量和施药方法。

及时剪除病虫枝、叶、果，挖掉为害严重的病虫植株，并给予烧毁，严格控制病虫害蔓延，降低病原基数和虫口密度。加强苗木检疫，禁止到疫区调运苗木。

8. 果实采收

适时采收不仅可提高产量和质量，而且可以延长贮藏期。采收的适期，根据不同品种的品质要求而定。采收时小心采摘果实，不要摘掉和摘伤果台，采下的果实轻放入采收筐里，注意不要使果梗刺伤果皮。产量以每亩 1 000~1 500 千克为宜，具体根据不同品种而定。

按市场需要进行分级包装，可分按个装、按重装。包装物外表明显部位应标明产地、品种、净重量、个数、品质。采收后需在 10℃左右逐渐预冷，再进入 1~3℃低温下贮藏保鲜。一般应保持在相对湿度 90%~95%。适当提高二氧化碳浓度（3%~4%），降低氧气浓度（5%~10%），可抑制梨果的呼吸强度，从而延缓果实的衰老，提高果实贮藏的质量。

五、李子的种植

（一）建园

李子对土壤要求不严，但因其根系分布浅，耐涝性弱，故以土层深厚，不积水的沙壤为佳，土壤酸碱度以 pH 值 6. 0~6. 5 为宜一般以亩栽 111 株（行株距 3 米×2 米）呈三角形栽植较好。栽苗前应进行定植穴或壕沟改土，并施足底肥。底肥施用量为；每穴渣肥 25 千克+切碎的秸秆 5 千克+复合肥 1. 5 千克+干人畜粪 5 千克。苗木宜在冬季落叶后至春季发芽前栽植，但以 10—12 月为佳，栽苗后立即浇水，覆盖，确保成活。

（二）整形修剪

1. 整形

李子中心干不明显，其整形方法与桃相似，通常采用自然开心形。苗木定植后在 50~60 厘米处定干。第一年冬剪时选留 3~4 个分布均匀，生长发育好的枝条作为主枝，并短截剪去原长度的 1/4~1/3。其余枝条全部剪除，不留中心干．主枝开张角度 40°左右。第二年冬剪时，将主枝延长枝短截，并在延长枝的下部选一向外侧生长

的分枝作为第一侧枝，剪去原长的1/3左右。其中5厘米以下的枝条全保留，以备培养成花束状果枝或短果枝。中长枝条可短截，促其抽生发育枝和结果枝；以后每年适度短截延长枝，使其扩大树冠，并选留第二，第三侧枝（以留背斜侧枝为宜）。各侧枝在主枝两侧分布，间距50厘米左右，这样，一般3年即可成形。

2. 修剪

李子以花束状短果枝结果为主。其枝条的顶端优势较明显，幼树期间先端易抽生发育枝和长果枝，中下部则易萌生衰弱的短果枝。因此，要重视枝组培养，去弱留壮，使短果枝和花束状果枝轮流结果。修剪上宜采用长放疏枝，促进短枝形成。李子短果枝极易生成，且花芽极多，数年即衰弱，需适当短剪更新，保持合理的长、短枝比例。其潜伏芽寿命长，老枝更新容易，对老衰树中下部长出的徒长枝可行拉枝或适当短截，促发分枝和抽生结果枝，以填充树冠。由于萌芽率和成枝力强，枝梢节间短，芽多，发生的新梢多，隐芽也易萌发，致使枝梢过密。修剪时应以疏剪为主，疏除密集枝、重叠枝、交叉枝、病虫枝、徒长枝和细弱枝；春季萌芽后除萌1~2次，减少枝梢数量，改善光照条件和营养条件。枝组的培养可采取短截或缓放的方法：将徒长枝拉平，引向有空间的方位培养成枝组。中长果枝可缓放，也可短截培养成中小枝组。修剪时注意平衡树势，维持各级骨干枝的主从关系。长势旺的骨干枝采取开张角度，减少枝量，多疏少截等措施缓和长势，长势弱的骨干枝则采取增加枝量，抬高角度，少疏多截等措施促生长。

（三）土肥水管理

1. 施肥

幼树（1~2年生）：以促进生长，提早结果为目的。掌握薄施勤施的原则，从发芽后至7月每月施肥1次，以速效氮肥为主，结合施用有机肥和磷肥。9—10月施基肥1次，以有机肥为主，配施磷肥。

成年树（3年生以后）：施肥必须氮磷钾配合施，由于李子产量高，需肥量也较大，尤其是对钾肥的需求量较一般李品种为多，其年施肥总量中氮，磷，钾比例为10∶8∶10。丰产园（亩产2 000千克以上）每亩应施入纯氮30千克，五氧化二磷20千克，纯钾30千克。每年施肥3次。第一次：在9—10月落叶前施用，有利于恢复树势，增加贮存营养积累，占全年60%，以有机肥为主，亩施人畜粪水（粪、水比1∶4）2 000~3 000千克，过磷酸钙60千克；第二次在发芽前（2月底）施用，占全年15%左右，施人畜粪水1 500千克；第三次在5月中下旬幼果膨大期施用，占全年25%左右，每亩施猪，鸡粪水2 000千克，尿素30千克，过磷酸钙20千克，硫酸钾20千克。

另外，在不同生长时期采用0.3%~0.5%的尿素和0.3%的磷酸二氢钾进行叶面追肥。

（1）花前追肥，作用是满足花期对水肥的需求，促使萌芽整齐，增加花量和延长授粉受精时间，提高着果率。

（2）坐果期及果实膨大期结合病虫害防治追肥，可在药液中加入肥料，有效缓解养分供应紧张的状态。

（3）花芽分化期追肥，6月10日前后，结合病虫防治，在药液中加入肥料，利于花芽分化和果实膨大。

（4）采收后追肥，利于枝条充实。

2. 土壤管理

李子根系分布浅，对土壤养分要求高，未改土的果园定植后必须逐年扩穴深翻压绿，以加深根系分布，同时合理灌水、覆盖、中耕、以保证根系生长。3—9月用作物秸秆覆盖树盘，可防止土壤干燥，同时注意雨季排水。扩穴压绿一般在秋季进行，冬季修剪后全园中耕1次。

（四）花果管理

李子虽然能自花结实，但仍以异花授粉产量较高，故栽植时可选2~3个品种混栽，以提高坐果率。

1. 花期放蜂

一般1公顷放养蜜蜂2巢，可显著提高李子产量和品质。

2. 喷施激素和微量元素

（1）盛花期喷施30~50毫克/升赤霉素+0.3%硼砂+0.2%磷酸二氢钾+0.2%尿素可显著提高坐果率。

（2）新梢旺长期（4 月底 5 月初）叶面喷施 300~500 倍 15%多效唑液或 200 倍 PBO，可明显控制新梢生长，提高着果率。

（3）6 月底、7 月初再喷 1 次 300~500 倍 15%多效唑或 200 倍 PBO 可控制新梢徒长，促进花芽形成，提高产量，对幼树特别有效。

3. 提高果实品质的技术

（1）果实生长期增施有机肥和磷钾肥。

（2）在第一次生理落果后进行疏果，亩产量控制在 2 000 千克左右为宜。

（3）根外追施磷钾，可结合喷农药一并进行。

（五）主要病虫防治

1. 病害

为害李子的主要病害有细菌性穿孔病、李红点病、疮痂病等。防治方法如下。

（1）合理修剪，改善通风透光，增施有机肥，使树体健壮，提高抗病力。

（2）发芽前喷 3~5 波美度石硫合剂或 1∶1∶100 波尔多液。

（3）谢花后 2~4 周用 75%甲基托布津 500~800 倍液或 50%百菌清 1 200 倍液或 40%杜邦福星 3 000~3 500 倍液或 10%世高 2 500 倍液喷雾。

（4）5 月中旬至 6 月下旬每 10~15 天喷 1 次 65%代森锰锌 500~600 倍液或 50%多菌灵 600 倍液 2~3 次。

2. 虫害

为害李子的主要害虫有李实蜂、桃蛀螟、介壳虫类等。

防治方法如下。

（1）幼（若）虫为害初期用 2.5%溴氰菊酯 2 000 倍液或 20%多杀菊酯 2 000 倍液喷洒树冠。

（2）4—5 月及时喷 50%辛硫磷乳油 1 000 倍液或 40%氧化乐果 1 000 倍液。

（3）冬季清园时喷 3~5 波美度石硫合剂消灭越冬虫源。

六、桃子的种植

桃子果实营养丰富，果肉甘甜多汁，具有特殊的风味，为城乡人民所喜爱。桃树在栽培上有早结果、早丰产、早收益、易栽培的特点。我国南北各地均宜栽植，因此分布较广。

（一）桃园建立

1. 园地选择

桃宜选择排水良好、土质疏松的沙质壤土，坡向以南坡最好，但忌连作，即已栽过桃树的土地不能再种桃树。

2. 定植前的改土

定植桃子前一定要进行深翻改土，坡地应改成梯地，增厚土层，然后按株行距挖定植穴或定植沟，穴深、穴宽应有 2.5～3 尺（1 尺≈0.33 米，全书同），每穴至少压足 50 千克渣肥，分 3～4 层压，以达到疏松透气，改良土壤理化性状的目的。平坝及黏质土也要改良，实行深沟高厢栽培，排水沟深度在 2.5 尺以上。厢内按条形沟改土，沟深 80 厘米，沟宽 70 厘米，分三层压入垃圾、渣肥。

3. 种植时期

春秋均可种植，但以秋植最好，秋植气温高，雨水多，根系损伤后易恢复，来年可减少蹲苗时间，萌芽整齐，10—12 月种植恰当。

4. 栽植密度

一般应根据品种特性、地势、土壤条件、整形方式和栽培方式而定。树势强的品种可栽稀一些，树势弱的品种可栽密一些；平地比山地栽培距离大；肥沃土壤比瘠薄地栽培距离大；计划密植园比固定种植园栽植密度大；“Y”字形整形的比开心形整形的栽培密度大。一般株行距为 3 米×4 米或 3 米×3 米，亩栽 56 株或 74 株。

5. 定植

栽植前将伤根和过大的主根修剪一下，然后扶正植株，理伸根系，盖土 5～10 厘米，用脚踏实，在苗木周围培土埂做成圆盘，然后灌透水，待水下渗后盖一层细土，也可再盖一层草，可减少水分蒸发，有利于成活。

（二）土肥水管理

1. 土壤管理

（1）间作。幼年园，可夏种蔬菜，冬种绿肥，既能增加果园收入，又能提高土壤肥力，成年园不间作。

（2）夏季中耕松土、除草。

（3）秋冬季深翻扩穴，增施有机肥，改良土壤理化性状。

2. 肥水管理

（1）栽后第一年桃树肥水管理。栽后第一年是桃树长树成形的关键，在肥水管理上要做到“淡肥勤施”，3—6月，每半月左右施一次肥，共施8次，前6次是一担清粪水加100克尿素施4株树，促多抽枝发叶，迅速成形，最后2次是一担清粪水加100克磷酸二氢钾施4株树，促枝梢成熟及花芽分化。

（2）栽后第二年及以后的肥水管理。桃树比柑橘、苹果等耐瘠薄，但投产后每年至少应施三次肥。

①萌芽肥：施肥量应占全年施肥量的10%~20%。早春萌动需水较多，生长正常树、花芽饱满树应以灌水为主，弱树可适当增施一点速效氮肥，促弱树生长转旺，施肥时间在1月下旬至2月上中旬。

②壮果肥：在幼果停止脱落即核硬化前的5月10号以后进行。这时肥料应以钾肥为主，促进果实膨大，促进花芽分化，充实新梢，早熟种不施磷钾肥，中熟种及晚熟种施钾40%、氮15%~20%、磷20%~30%，树势旺、挂果又少者可以不施肥。

③采果肥：一般在采果前后施用，其目的是及时恢复树势，促进叶片机能的活跃，增强同化作用，增加养分的积累，提高花芽分化的数量和质量，提高桃树越冬抗寒力。一般早、中熟品种宜在采收后及时施用，晚熟品种在采收前施用，施肥量应占全年施肥量的50%~60%，氮、磷、钾三要素配合施，施肥比例为氮：磷：钾=1：0.5：1。

④秋施基肥：10—12月施下，以腐熟的有机肥为主，一般按一斤果一斤肥的原则施。

⑤根外追肥：桃盛花初期、幼果期喷硼肥可提高坐果率，果实膨

大期喷磷、钾肥可促进果实发育，减少采前落果，采果后喷施氮、磷、钾肥可保叶，推迟落叶期，促进花芽分化。各种肥料喷施浓度，硼砂或硼酸 0.1%~0.3%，尿素 0.3%~0.4%，硫酸钾0.3%~0.5%，磷酸二氢钾 0.2%~0.3%，硫酸锌 0.3%。

⑥施肥方法：土壤施肥方法有环状施肥法、沟状施肥法及穴施法，幼树采用环状施肥法，大面积成年树采用沟状施肥法，山地采用穴施法。一般在树冠滴水线上挖施肥穴。

(三) 整形修剪

1. 整形

(1) 整形原则。大枝应少而强，小枝多而匀；保持行间距，做到密株不密行，形成波浪式的群体结构，扩大受光面，加强空气对流；幼树整形应掌握轻剪长放，以便缓和树势，促进早结果，选留主枝应注意方位，开张角度，各级枝的主从关系。

(2) 树形。桃树具有干性弱、萌芽率高、成枝力强的特点，因而形成树冠快、结果早，但衰老亦快，因此在整形上要尽快成形，缩短营养生长期。

①自然开心形：头年秋季定植，然后在 50~60 厘米处定干，第二年春萌芽抽梢后，选留三个生长健壮、分布均匀（枝与枝夹角为 120 度）的新梢培养成主枝，其余新梢抹去，当主枝长到 60 厘米时进行摘心，促进其多发副梢和二次副梢以及三次副梢，二、三次副梢可以培养成结果枝。主枝相距 10~15 厘米，主枝与主干的夹角（基角）呈30~45 度，主枝腰角 60~80 度，梢角 70~90 度。每个主枝上选留 2~3 个侧枝，在主枝和侧枝上尽量多留小枝和枝组。

② “Y” 字形：冬季不定干，春季萌芽后，将主干拉斜，成为第一个主枝，在主干 50 厘米处选留生长健壮的新梢扶正让其生长，当长到 60 厘米时将其拉斜培养成第二个主枝，主枝多留小枝和枝组。

2. 修剪

桃树修剪分夏季修剪和冬季修剪，一般应贯彻夏季修剪为主，冬季修剪为辅的原则。

(1) 夏季修剪。

抹芽、除萌：抹掉树冠内膛的徒长芽，剪口下的竞争芽、双生芽、过密芽，这叫抹芽；芽长到5厘米时把嫩梢掰掉叫除萌，一般双枝“去一留一”。通过抹芽、除萌，可以减少无用的新梢，改善光照条件，节省养分，促使留下的新梢生长健壮，并减少冬季修剪量，这对幼树、旺树特别重要，但这项工作往往又容易被大家忽视。

摘心：摘心是把正在生长的枝条顶端的一小段嫩枝连同嫩芽一起摘除。它能使枝梢停止加长生长，把养分转向充实枝条，促进花芽分化。桃树摘心是生长期中不可缺少的技术措施，绝大多数枝条都需要摘心。50厘米处摘心恰当。

扭梢：是把直立的徒长枝和其他旺长枝扭转180度，使向上生长扭转为向下生长，但不要扭断，主要的目的是削弱生长势，促进徒长枝转为结果枝。同时也取得改善光照的效果。这项工作是对抹芽工作做得不彻底的一种补救措施，对旺树尤其应采用。

撑、拉、吊枝：主要是开张角度，缓和树势，提早结果，防止主干下部光秃无枝的关键措施。撑、拉、吊枝一般在5月进行。

（2）冬季修剪。

幼树修剪：以长放为主，充分利用夏剪技术，尽快成形，留作结果用的长枝一般不短切，多留果枝，以缓和树势，提高坐果率，骨干枝的延长枝留50~70厘米短切。对特旺的树，应注意让其多挂果，如反背枝、立生枝、下垂枝都要让其挂果，以缓和树势，提高单株产量，有经验的果农常说“以剪压树树不怕，以果压树树听话”。

盛果期的修剪：此时主枝逐渐开张，树势逐渐缓和，树冠相对稳定，枝条生长量降低，徒长枝减少，结果枝增加，短果枝的比重上升，生长与结果矛盾激化，内膛及下部枝易枯死。此时修剪量比幼树期重，对骨干枝要回缩更新，采用疏缩结合，去弱留强。内膛如果已经空虚，应注意从第二侧枝上培养回生枝填补空间，增加结果部位，桃树一进入盛果期就要注意从基部培养更新枝。对中庸树应疏去病弱枝，一般长、中果枝短去先端不充实部份，对短果枝、花束状短果枝进行疏剪，对旺枝要长留长放，1尺左右的健壮果枝根本不要短切。

衰老期的修剪：此时树体上几乎全为短果枝，此时应对骨干枝采用回缩重剪，回缩到 2~3 年生部位，注意从大伤口处培养徒长枝，重新形成树冠，达到更新树冠的目的。

七、猕猴桃种植

（一）园地选择与规划

1. 园地选择

（1）气候条件。园地选择要求年平均气温 13~17℃，极端最高气温 35~40℃，极端最低气温为-5~9℃，日照时数≥1 000 小时，≥10℃积温 3 500~5 800 ℃，年降水量 1 000~1 500 毫米。

（2）土壤条件。园地土壤要求 pH 值 5.5~6.5，土层深厚≥80 厘米，有机质含量≥1.5%，地下水位 1 米以下，土壤质地疏松，肥力中等以上。

土壤质量符合 GB/T 18407.2—2001 所规定的质量指标要求。

（3）地形、地势与水源、水质。园地应选择在背风、向阳、排水良好的缓坡地带或平地，坡度≤25 度。园地的水源方便，灌溉水质量符合 GB/T 18407.2—2001 所规定的质量指标要求。

2. 园地规划

园地规划的内容包括种植区、道路系统、排灌系统、农家肥无公害处理系统、防护林、附属建筑等。

种植区内应规划种植小区，每小区面积（20~50）亩，小区栽植行向为南北向，坡地进行等高水平梯带规划，梯带带宽 2.5~3 米。防护林带选用松、杉、冬青、火棘、喜树等针、阔叶常绿、落叶乔灌混交林带。

（二）品种与砧木选择

1. 品种选择

根据猕猴桃在贵阳地区的适应性，应选择红心猕猴桃和中华猕猴桃系统的优良猕猴桃雌性品种和相应的雄性授粉品种。

2. 砧木选择

红心猕猴桃用红心猕猴桃作砧木。

3. 栽植

（1）苗木质量。选用2年生嫁接苗或组织培养苗，地径以上10厘米处干粗0.8~1.2厘米，株高60厘米以上。苗木无检疫性病虫害。

（2）栽植时间。猕猴桃休眠期，12月至次年1月。

（3）栽植密度。株行距2米×3米或2.5米×3米，亩89~111株。

（4）雌雄株配置。雌雄株配置比例为雌：雄=8：1。配置方式中心式。

（三）栽植技术

栽植前先挖定植沟，沟深80~100厘米，宽100厘米；挖时表层肥土与底层心土分开堆放，回填时表土放底层，心土放表层。每亩施入有机肥6 000~10 000千克，与土分层回填于沟内距地面20厘米处，最后回填的土壤要高出原地面20~25厘米。

苗木栽植时要求根系舒展，填土踏实，嫁接口露出，浇透定根水。

（四）土肥水管理

1. 土壤管理

冬季深翻扩穴熟化土壤。从树冠外滴水线挖沟，沟宽30~40厘米，沟深60厘米。回填时混与有机肥，表土放底层，心土放表层，并立即在沟内灌足水。此项工作一年一次。

土壤管理制度采用生草制或间作作物覆盖制。生草制果园在草高达35厘米以上时刈割覆盖于地面。间作作物为豆科绿肥或矮秆作物。

2. 施肥

（1）肥料种类和质量。按NY/T 394—2000中的规定选择肥料种类，使用叶面肥应已在农业部登记注册，人畜粪尿等需经50℃以上高温发酵7天以上，微生物肥料中有效活菌数量必须符合NY/T 227规定。

因氯元素对猕猴桃有明显的生理毒害，施用在复合肥和其他化肥中，不得含有氯离子，即不得使用含氯复合肥或其它化肥。

（2）施肥方法和数量。基肥冬季用农家有机肥施基肥一次。幼龄猕猴桃园每亩施 1 500~2 000 千克，盛果期猕猴桃园每亩施 3 000~4 000 千克。施用方法用沟施，顺行向在树冠外围滴水线下挖沟，沟深 60 厘米，宽 30~40 厘米。

追肥土壤追肥每年 2~3 次，第一次在萌芽前，以氮肥为主，第二次在果实膨大期，以磷钾肥为主。施肥量依土壤肥力条件和肥料特点确定，2~7 年生树每株折合施纯氮 500~600 克，纯磷 150~200 克，纯钾 250~350 克。

3. 水分管理

干旱时进行灌溉，要求灌溉水无污染，水质符合 GB/T 18407.2—2001 所规定的农田灌溉水质量指标要求。多雨季节要及时排水。

(五) 整形修剪

1. 架式

架式有单壁篱架、“T”形棚架。每亩用水泥柱 37 根，柱间距 6 米，柱长 2.7 米，柱粗度规格为 10 厘米×10 厘米（顶部）、12 厘米×12 厘米（柱底），预留孔规格 φ6 钢筋，主筋 φ6 钢筋，架立筋 8#铁丝。埋入土中 0.6 米，地面柱高 2.1 米，由地面向上牵引 3 道 8#铁丝，第一道距地面 70 厘米，第二道距第一道 70 厘米，第三道距第二道 70 厘米，拉于柱顶部。

2. 整蔓

单壁篱架整形采用扇形整蔓和水平整蔓。“T”形棚架采用主蔓“Y”形整蔓。

3. 修剪

冬季修剪要避开伤流期，在落叶后二周至早春 1 月底前进行。剪出衰老枝、病虫枝、竞争枝、交叉枝等，对过多结果母蔓进行疏剪，对过长的结果母蔓进行适当短截，对过老的主、侧蔓进行更新。

冬季修剪后进行清园，将剪下的枝集中烧毁，用 3~5 波美度的石硫合剂喷树冠、树干和果园地面 1~2 次。

6—8 月夏季修剪，进行抹芽、摘心、剪蔓。

（六）花果管理

1. 辅助授粉

猕猴桃是雌雄异株、昆虫授粉的果树，在花期进行果园放蜂。

2. 疏果

猕猴桃坐果高时进行疏果。疏果在谢花后40天进行，疏出小果、弱果、僵果、病虫果、畸形果。一叶腋选留1~3果，留中间去两侧，在同一结果枝蔓上疏基部果，留中上部果。

3. 植物生长调节剂的使用

允许有限度使用对改善树冠结构的植物生长调节剂，禁止使用对环境造成污染和对人体健康有危害的植物生长调节剂，如吡效隆系列的“大果灵”“大果一号”等果实膨大剂。

（七）病虫害防治

1. 果实熟腐病

（1）症状。当猕猴桃成熟之际，在收获的果实上的一侧出现类似大拇指压痕斑，微微凹陷，褐色，酒窝状，直径大约5毫米，其表皮并不破，剥开皮层显出微淡黄色的果肉，病斑边缘呈暗绿色或水渍状，中间常有乳白色的锥形腐烂，数天内可扩深至果肉中间乃至整个果实腐烂。贮藏期间腐烂率高者达的30%。

（2）防治方法。幼果套袋：谢花后一周开始幼果套袋，避免侵染幼果。药剂处理：从谢花后二周至果实膨大期（5—8月）树冠喷布50%的多菌灵800倍液或1：0.5：200倍式波尔多液，或80%托布津可湿性粉剂1 000倍液2~3次，喷药间隔时间为20天左右。

2. 根腐病

（1）症状。初期在根颈部发生暗褐色水渍状病斑，逐渐扩大后生白色绢丝状菌丝。病部的皮层和木质部逐渐腐烂，有酒糟味，菌丝大量发生后经8~9天形成菌核，似油菜籽大小，淡黄色。以后下面的根逐渐变黑腐烂，从而导致整个植株死亡。

（2）防治方法。建园时要选择排水良好的土壤，雨季要搞好清沟排渍工作，不要定植过深，不施用未腐熟的肥料。树盘施药在3月和6月中下旬，用代森锌0.5千克加水200千克灌根。发现病株时，将根颈部土壤挖开，仔细刮除病部及少许健全部分用0.1%升汞消毒后，涂波尔多浆，经半月后换新土盖上，刮除伤面较大时，要涂接蜡保护，并追施腐熟水粪，以恢复树势。

3. 蒂腐病

（1）症状。受害果起初在果蒂处出现明显的水渍状，以后病斑均匀向下扩展，果肉由果蒂处向下腐烂，蔓延全果，略有透明感，有酒味，病部果皮上长出一层不均匀的绒毛状灰白霉菌，后变为灰色。由于蒂腐病为害，贮藏期烂果率20%~40%。

（2）防治方法。

①搞好冬季清园工作。

②及时摘除病花集中烧毁，开花后期和采收前各喷一次杀菌剂，如倍量式波尔多液或65%代森锌500倍液。

③采前用药应尽量使药液着于果蒂处；采后24小时内药剂处理伤口和全果，如用50%多菌灵1 000倍液加“2,4-D” 100~200毫克/千克浸果1分钟。

八、石榴栽培技术

（一）园地选择与规划

1. 园地选择

园地选择远离污染源，地下水位高度1米以上，无积水涝害的地块。土壤条件应达到GB 15618所规定的2级以上。农田灌溉水符合GB 5084的要求，大气环境质量符合GB 3095要求。建立基地应在交通便利、水、电有条件的地区，并要相对集中连片，便于管理。

2. 园地规划设计

根据自然条件、生产规模和经营模式等情况，进行生产小区、道路、排灌系统、防护林及其他设施的设计，品种、行向、密度及定植方式的选择与配置，土壤改良与水土保持措施的制定。

（二）品种选择

品种选择主推突尼斯软籽石榴，结果早、丰产、稳产、品质优、不裂果、抗性强、生势健壮、市场前景好的中大型果。

（三）苗木选择与处理

选长 20 厘米以上的根 4 条以上，地径 1 厘米以上，苗高 1 米以上，且组织充实、芽体饱满、无病虫害的苗木。提倡推广使用脱毒良种苗木。从外地购进苗木要做好植物检疫工作，定植前用 1% 的清石灰水或 3~5 波美度的石硫合剂进行浸苗，并用 50~100 毫克/千克的 ABT 三号生根粉浸根 1~2 小时。

（四）定植方式与密度

1. 栽培密度

单位面积上的定植株数应依据品种特性、自然条件、采用树形及栽培模式等而定，为了提高光能利用率，增加早期产量，提倡适度密植。平原地区可采用 3 米×4 米株行距，每亩栽植 56 株，产区常有每穴栽 2 株的习惯；浅山丘岗区可采用 2 米×3 米株行距，每亩栽植 111 株。幼树栽植后前 2 年主要是长树、扩冠，一般不让其结果。

2. 挖定植坑（沟）

深宽各按 0.8~1.0 米开挖定植坑（沟），并将挖出的熟土（耕作层）与生土（下层土）分开堆放。回填时将熟土与腐熟的有机肥（每亩 2~4 吨）充分混合后填下层，生土填上层。

3. 定植时期

从晚秋落叶后（土壤封冻前）至萌芽前（土壤解冻后）均可栽植。以石榴接近萌芽时定植。

4. 定植

采用三封两踩一提苗一浇水的方法定植。要求苗木根系舒展，根系周围填熟土。定植深度以苗木根颈浇水塌实后与地表相平。

（五）果园管理

1. 土壤管理

（1）深翻扩穴熟化土壤每年秋末（采果后）至翌年 1 月，结合施基肥，深翻 60~80 厘米。

（2）生草覆盖提倡石榴园实行生草制种植，其间作草类应是与石榴无共生性病虫的豆科作物、绿肥作物等，并适时刈割翻埋于土壤中或覆盖于树盘，覆盖物应与根颈保持 10~20 厘米的距离。

（3）间作及复合经营石榴园间作物应选择矮生、浅根、耐荫、越冬的蔬菜、药材、豆科作物及其他经济作物。实行果、草、牧、沼复合经营的果园，畜禽圈舍及沼气池应建在果园北边或西北与东北角处，并与住房、仓库等设施相连或接近。避免遮挡果树光照，以利节约土地。

（4）中耕及松土锄草中耕在春、秋和初冬进行，每年中耕 2~3 次，中耕深度 10~15 厘米，黏土地宜深些，沙土地宜浅些，雨季不宜中耕。清耕果园在生长季节于雨后、浇水后、杂草幼小时及时松土锄草，经常保持土壤疏松无杂草。

2. 施肥

（1）施肥原则。充分满足石榴对各种营养元素的需求，推荐以有机肥为主，有机无机肥结合，重施基肥，增施磷钾肥，提倡使用水果（石榴）专用肥、有机复合肥，合理施用无机肥，平衡协调施肥。

基肥于 9 月新梢开始缓慢生长时或采果后秋施基肥，以有机肥为主，适当配以氮磷化肥混合施入，采取环状、放射状、条状沟施及穴施等方法。施肥位置应在树冠外沿垂直地面处向外的吸收根集中区，挖沟（穴）深 40~60 厘米分层施入。

追肥应在萌芽前，开花前，幼果膨大期，果实转色期进行四次追施速效性肥料。萌芽前及幼果膨大期应以氮肥为主，配合适量磷肥，开花前与果实转色期应以磷钾肥为主，配合适量氮、钙、硼肥。一般采用沟施、穴施，施肥深度 10~20 厘米。缺乏微量元素的果园或植株应依据树体缺素症状，及时增加追施所需元素肥料或叶面追肥。

叶面追肥一年可根据树体需肥情况多次喷施，一般每 15~20 天喷施 1 次，也可结合打药喷施。夏季高温期应在晴天 9 时以前或 16 时以后进行叶面喷施。果实采收前 20 天止叶面喷施。

（2）施肥量及 N、P、K 三大元素比例。要根据土壤、品种、树龄、产量、树势等情况确定施肥量，一般亩用有机肥 2 000~3 000 千克，速效氮、磷、钾肥 80~100 千克，结果期树按每生产 1 千克果，施用优质农家肥 1~1.5 千克作基肥。基肥应占全年总施肥量的60%~75%，追肥占 30%~40%。微量元素以需补缺多作叶面喷施。

3. 水分管理

（1）灌溉。石榴树在萌芽期、果实膨大期和入冬前，除雨水充足外，都要浇足三水。其他生长季节，如土壤干旱（以 20～40 厘米深的土壤手握不成团为标准）或每次施肥后土壤水分不足时应适量灌水。开花期和果实成熟期应控制灌水（不旱不浇）。方法多采用行间起埂大水漫灌和树盘围圆形埂小水局部灌溉。缺乏水源的岗地可采用穴灌，即于早春在树冠下四周不同方位挖 6～12 个深宽各 50 厘米的坑，坑内添满秸秆或杂草，每次灌水（肥）后坑口用塑膜盖严。有条件的果园提倡使用滴灌、渗灌。

（2）排水。7 月中下旬以后进入雨季，注意及时排水、清淤，疏通排灌系统；果实采收前多雨，可采取地膜覆盖园区土壤，降低土壤含水量，提高果实品质。

（六）整形修剪

1. 整型修剪原则与目标

坚持因树修剪、随枝作形，有形不死、无形不乱，以轻为主、轻重结合、修剪适度的原则，通过整形修剪达到：树体结构合理、通风透光、生势均衡、枝类比适宜，实现早果、丰产、稳产、优质、高效的目标。

2. 树形选择

根据自然条件、品种特性、定植密度与方式和生产经营模式等情况，选择确定适宜的树形。

3. 修剪时期和方法

根据不同品种、树龄、树势、负载量采取不同方法修剪。以冬剪为主，夏剪为辅，通过冬剪疏枝、短截、缓放、目伤、刻芽、撑、拉、别、扭等方法，培植丰产树形；夏剪是冬剪的补充和完善，夏剪剪除冬剪后萌发的过多过旺新稍；适时对长势过旺的树采取环剥、环割、摘心、扭梢、拉撑、吊等方法，开张角度，缓和树势，促进结果。

（1）幼树修剪。选择培养好骨干枝，扩大树冠，培养丰产树形。改善利用抚养枝尽快转化为结果枝，为早果丰产奠定良好基础。

(2) 初结果树的修剪。对主枝两侧位置适宜、长势健壮的营养枝培养成侧枝或结果枝组，疏除或改造徒长枝、萌蘖枝成为结果枝组，长势中庸的营养枝缓放促其开花结果，长势弱的多年生枝轻度回缩复壮。以轻剪、疏枝缓放为主，采用“去强枝，留中庸偏弱枝，去直立枝，留斜生水平枝，去病虫害枝，留健壮枝，多疏枝，少短截，变向缓放”。

(3) 盛果期树的修剪。采用轮换更新结果枝组，适当回缩枝轴过长、结果能力下降的枝组，对长势衰弱的侧枝、剪至较强的分枝处。疏除无用枝、干枯病虫枝、细弱（寄生）枝、徒长枝、纤细枝、萌蘖枝。培养以中小型为主的健壮结果枝组，对有空间可供利用的新生枝要培养成结果枝组，重点留春梢，适当选留夏梢，抹除秋梢。

(4) 衰老树的修剪。采取回缩复壮地上部（树冠）和深耕施肥促生新根两方面入手，采取缩剪更新、去弱留强和结合秋冬季深耕施肥，在原树盘内适当铲断部分根系，施入磷肥和腐熟有机肥，促生大量新根，同时剪除老枝、枯枝，多留新枝、强枝、靠近主干的直立旺盛枝。培养基部萌蘖，恢复树势，重新结果。

(七) 花果管理

1. 控花

石榴具有多次开花习性和雌花（筒状花）、雄花（钟状花）之分的特点，疏花控花十分必要。保留一、二批花，选留三、四批花；强枝多留花，弱枝少留或不留；疏花应在能分辨出花蕾的形状开始，愈早愈好；疏除多余雄花、晚期花、畸形花、病虫花、退化花、无叶花枝。

2. 疏果

生理落果结束后开始蔬果，疏除并生果、小果、病虫果、畸形果、密弱果；亩留果4 000~5 000个为宜，亩产1 000~2 000千克。

3. 果实套袋

套袋适期为疏果结束后，套袋前必须喷一次杀虫、杀菌剂，待果面药液凉干后，再立即进行套袋。选择生长正常、健壮的果实进行套袋，纸袋应选用抗风、吹雨淋、透气性好的专用纸袋为宜。果实采收

前 10~15 天摘袋。

4. 植物生长调节剂应用

限量实用能改善果树生长状况、提高果实产量、改善品质，并对人体健康和环境无害的植物生长调节剂。实用范围限于：促进萌芽和促进伤口愈合，防止幼果脱落，提高坐果率。

（八）病虫害综合防治

1. 石榴茎窗蛾

是为害石榴枝干的一种主要害虫。又叫花窗蛾，在我国大部分石榴产区都有发生，以幼虫钻蛀为害新梢和多年生枝条，使树势衰弱，影响果实产量和品质，严重时可致整株死亡。

防治方法如下。

（1）7 月初开始经常检查树枝，发现被害新梢及时剪除，消灭其中幼虫。

（2）春季萌芽后，凡未发叶的枯枝彻底剪除烧掉，消灭越冬幼虫。

（3）对 2~3 年生被害枝内的幼虫，可用敌敌畏 500 倍液或敌马合剂 800 倍液注入最下部排粪孔，然后用药泥堵塞虫口毒杀。

（4）孵化盛期，根据初孵幼虫在嫩梢爬行 2~3 天后才能蛀入新梢的特性，及时喷洒 40%氧化乐果、50%甲胺磷或 40%久效磷 1 500 倍液进行防治，其效果可达 84.9%~98.4%。在做好测报的基础上，由过去的虫口注药改为树上喷洒，不仅省工省时，提高药效，还可兼治黄刺蛾等其他食叶害虫，一般第一次喷药后，相隔 20 天再喷 1 次，效果更好。

2. 桃蛀螟

是为害石榴果实的主要害虫，严重时虫果率可达 50%~70%。主要防治方法如下。

（1）冬季清园，消灭寄主中的越冬幼虫。

（2）早春发芽前及时刮除粗裂的树皮、摘除虫果或拾回虫蛀落果等，集中烧掉。

（3）用糖醋液或性信息激素迷惑雄成虫进行诱杀。

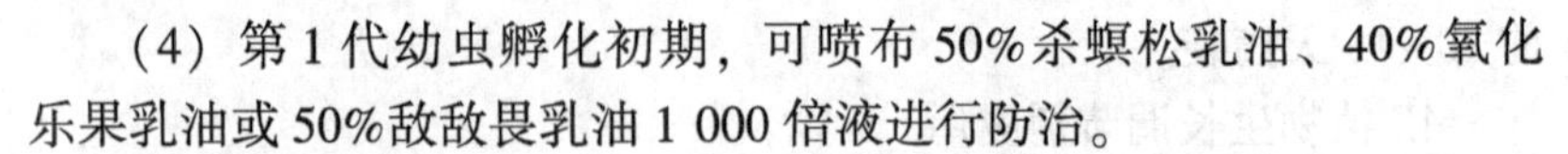

(4) 第1代幼虫孵化初期，可喷布50%杀螟松乳油、40%氧化乐果乳油或50%敌敌畏乳油1 000倍液进行防治。

3. 日本龟蜡蚧

俗称蚧壳虫，属同翅目，蜡蚧科，以若虫固着在叶片或新梢上吸食汁液，并分泌黏液，诱发煤污病，影响光合作用，使树势衰弱，引起大量落叶、落果，严重时可致绝产甚至全树枯死。防治方法如下。

(1) 药剂防治。若虫孵化后至蜡壳形成前是药剂防治的有利时机；生产上，可在若虫孵化期，用25%亚胺硫磷800~1 000倍液、50%马拉硫磷1 000~1 500倍液、50%西维因可湿性粉剂400~500倍液或50%敌敌畏乳油800~1 000倍液，每隔7~10天喷1次，连喷2~3次，即可控制为害。

(2) 保护利用天敌。日本龟蜡蚧的天敌种类很多，如瓢虫、草蛉、寄生蜂等，要注意保护利用。

九、杨梅栽培技术

(一) 园地的选择

发展杨梅生产，园地条件的好坏，将对其产生长远的影响。各地应以农业和土壤普查为基础，把杨梅的生长结果习性与当地自然条件、经济状况结合起来考虑。

杨梅适应性强，一般山地均可种植。但其性喜温暖湿润环境，加上根系与好气性的放线菌共生，故在滨海临湖山地，通透性好的砂质微酸性土壤，海拔500米以下的平缓北坡更为适宜。如果栽培条件差一些，可以通过人为的改良，也能种植杨梅。例如山地缺水，可用柴草在树盘覆盖或挖坑蓄水来解决；土质黏重，可加砂石土及多施有机肥来改良；山坡较陡，可筑等高梯地或水平带、鱼鳞坑种植等。

海拔高度对杨梅品质有明显的影响。随着海拔高度的增加，水汽的绝对含量相应降低。据调查，海拔较高的山峰，风速大，气压低，水分蒸发快，易使裸露的杨梅果肉肉柱形成尖刺形；而海拔高度相对较低的山地，由于气温较高，昼夜温差小，湿度较大，果实可溶性固形物含量也低；海拔中等的山地，由于山峦重叠，互相遮蔽，散射光

多，空气湿度和温度配比合理，较有利于杨梅果实的生长发育，因此，肉柱柔软汁多，甜酸适度，品质较好。

山地坡向不同，杨梅的品质也有差异：南坡山地太阳辐射强，空气湿度低，可使杨梅果实成熟早、含糖量高、果形小、产量低，北坡山地则相反，散射光比例大，夏季温度比南坡低，湿度比南坡大。所以北坡杨梅一般枝叶繁茂，果形大、质地软、汁液多、风味佳、产量高。

如有条件，杨梅种植园地，最好是选在近海或临湖（水库）的地方，因为附近的大水体能调节小气候，对杨梅的高产优质有较好的作用。

（二）良种壮苗的选择

杨梅优良品种的含义是多方面的。比如既要产量高，又要品质好；既要果形大，又要色泽佳；既要鲜食好，又要可加工等等。如果一个地方较大面积发展杨梅，则还应考虑不同成熟期的优良品种配套。这样不但可缓解采收期间劳力紧张的矛盾，又可延长市场供应期。有的地方若原有野生杨梅较多，则可采用高接的办法改换优良品种。如当地缺乏良种，则可考虑从外地引入接穗苗木。但引种要注意两地的气候条件、土壤质地等差异及原有品种的熟期，如地域差异较远的引种，必须先少量试种，成功后再扩大，切忌大规模盲目引种。

杨梅苗圃地起苗的天气，最好选无风的阴天或小雨天，这样可减少苗木的水分蒸发。若遇苗圃地干燥，则应先浇透水，后再掘苗，以减少根系损伤。起苗后，应剪去伤残的根系或剪平伤口，促进愈合。如远途运输的苗木，还应用黄泥浆蘸根，后用稻草包扎护根，再用蒲包（草包）或编织袋盛好，视苗木大小，每包 50～100 株。装车时，为保护根系，应将根部朝里，远途运输时为了减少水分蒸发，最好在苗上盖好防雨布，免受风吹、日晒，防止根部干燥和苗木发热变质。

苗木质量的好坏，与种植成活率和幼树能否速生早产果关系极大。生产实践证明，凡苗木就地种植或运输距离近的，以种 2 年生嫁接苗为好；而需长途运输的，以种 1 年生嫁接苗为宜。

1 年生嫁接苗的壮苗标准如下。

（1）品种纯正，无杂苗。

（2）根系发达，须根多。

（3）嫁接口愈合良好，或有1~2个分枝。

（4）主干粗壮，接穗第1分枝点起高30厘米以上，分枝点基部直径不小于0.7厘米。

（5）无病虫害及受冻等征状。

（三）定植方法

定植方法是提高苗木栽植成活率和幼树速生早产的关键。首先，要根据品种、气候、土壤肥力及栽培管理措施来确定栽植密度。为使幼树提高前期单位面积产量，一般每亩可栽20~40株。如栽40株时，要安排好计划密植方案。其次定植的时期，一般分春植、秋植两种。春植应在冰冻期已过、气温开始回升时进行，有利于根系的恢复和生长。如过早，植后易遇冻天气，会导致土裂、根断、苗死；过迟，则根系受伤后尚未恢复，未能及时吸收肥水，而地上部已抽梢发叶，将影响成活和生长。

定植前，还要挖好定植穴，如在较陡山坡，最好先开水平带，在带中开穴，可有效地减少水土冲刷流失。其定植穴应挖在离外侧1/3处；较缓山坡，则可用块状整地，以后逐年深翻扩穴。定植穴的大小，长宽深至少是0.8米×0.8米×1米。挖穴时，把表土和心土分开放，以便填土时分层利用。挖穴时间最好在冬季，经冰冻可使土壤风化，利于幼苗根系吸收肥水，并可杀死穴内越冬害虫。

苗木定植的方法是先在穴底施人适量经腐熟的基肥，如垃圾肥、家畜家禽粪肥等20千克，草木灰或焦泥灰5~10千克，钙镁磷肥0.5千克，三者混和拌以泥土后放入，或每种肥料分层放入穴内，再在其上盖一层15~20厘米厚的肥沃表土，这是直接与苗木根系接触的土壤，做成中心稍高的馒头形，然后放下苗木，理顺根系，分次填入表土，用双脚四周踏实，注意不能伤根与嫁接口平齐。再在嫁接口上面用土覆盖高于20~30厘米。一般把心土放在上面，其道理是，可通过中耕、施肥、复草等方法进行改良，而下层土改良较困难，加上苗木根系转活后立即需要吸收肥水，所以根部要加入表土为宜。苗木定

植后，如土壤干燥，应浇足定根水。这样既能保持根系在潮润的土壤中便于成活，又能通过水的作用，使根部和泥土紧密接触，有利于提高成活率。浇水后上盖一层松土，以减少水分蒸发，防止表土板结开裂。苗木定植后，要因地、因天、因树制宜，适度掌握深浅。过深，因土壤通透性差，不利于根系生长扩展，以后地上部分长势也弱；过浅，易受强烈阳光及干旱的威胁，特别是当年7—8月高温干旱季节，会失水干枯死亡。定植时，还要注意将苗木嫁接口部位的塑料薄膜解开。

生产实践中，有时会出现苗木栽后已经成活抽发新梢，但到秋后甚至2~3年后，幼苗却不断出现枝叶发黄死去的情况。经检查，其主要原因是嫁接时包扎接口的塑料薄膜带没有解开，从而随着苗木的生长，卡断了缚扎部分的形成层，影响了树体养分的输送，使新梢生长受阻，根部得不到有机养料而“饥饿”至死。至于定植时苗木叶片的处理，这要看运苗距离远近、苗龄大小、种植技术而定。近距离栽可不去叶片或仅去掉顶部的少量叶片；而苗木长途运输的，为了保持品种特征和外观质量，可留中下部的叶片；到达目的地栽植时，叶片也可全部去掉，以减少水分蒸发，提高成活率。苗木定植后，还要立即做好定干工作。即在苗木中心干接口以上留35~40厘米高度，剪去顶梢，促使下部抽发新梢，以后选留3~4条强健新梢作为主枝。如苗木已有分枝，且离地面高度适当的，可保留作主枝，过低近地面的应剪去，另行选留主枝。

生产实践证明，凡定植杨梅幼苗时做到“大穴、大肥、大苗”的以及“苗扶正，根舒展，深浅适度，土踏实，水浇足，盖松土”，一般第3年就能形成良好的树冠，第4年开始结果，第5年有一定产量。所以，这两条是杨梅幼树速生早产的重要环节。

（四）栽植后管理

杨梅幼苗定植后，约经4年开始结果，为了实现速生早产的目标，栽后加强培育管理不能忽视。

（1）及时查苗扶理。杨梅苗木一般栽植成活率较高，但若定植时质量差、栽后天气干旱或缺乏管理，则容易造成死苗缺株。为此，定植后必须及时检查，发现缺株，立即补植，使其生长整齐一致；如栽后天气干旱，须及时浇水；苗木根部有松动的，应用脚踏实，并适当培土。过了夏秋季，还要再检查一次，有的幼苗因高温干旱而使顶梢枯焦或死亡，发现后及时剪去枯焦顶梢，拔掉死株，秋季或次春进行补植。苗木定植成活后，当年春季会从主干隐芽抽发一些萌蘖，可从上到下有一定间隔、方向均匀的选留3~4条作为主枝，其余大部分萌芽可抹去，仅剩少量小枝以辅养树干。从砧木上发生的萌蘖，则一律除去。

（2）搞好地面覆盖。幼树栽植后，当年7—8月如遇长期高温干旱，易受旱害致死。为此，须在6月中下旬高温干旱来临前，做好抗旱保苗工作。山地如水源便利，可浇水后进行覆盖；如水源缺乏，则可在苗木四周地面浅耕后搞好地面覆盖。覆盖材料，一般可就地取材，如割取山上嫩柴青草铺于树干周围约1米直径的圆盘上，厚10~20厘米，并用泥块或石块压住，以防被风吹走。覆盖材料不能接触幼树主干，否则腐烂发酵发生高温灼伤树干。

（3）逐年拓垦植穴。杨梅幼苗定植时，因时间紧迫，或劳力矛盾，一般种植穴开得不大，随着幼树的生长，将会使根系的扩展得以局限。为此，要每年拓宽种植穴。方法在原种植穴外围开垦，挖去大石块及杂树柴根，以利幼树根系伸展，扩大吸收肥水范围，保证树体健壮生长。

（4）合理追施肥料。杨梅新植幼树，除定植时施用较多的长效基肥外，成活后还应及时追施速效性肥料，以满足抽梢长叶的需要。特别是那些在定植时未施基肥的，更应在成活后即施追肥。肥料以稀薄的人粪尿为好，每株小树施1~1.5千克；如山高坡陡，也可用尿素0.1千克加水施入，或在小雨前或大雨后施入。

施追肥最好1年3次，即每次抽梢（春、夏、秋梢）前施入，以尽快形成具有结果能力的树冠。凡1~3年生幼树，追肥均以速效氮肥为主，第4年开始再增施钾肥，每株施草木灰或焦泥灰2~5千克，或硫酸钾0.2千克，以增强树势，为承受结果打下基础。

（5）适当间种绿肥。新栽杨梅园如是全垦的或是退农还林的，则

可利用株间空闲地种夏绿肥，一般能一次性收割鲜草500~800千克，作为幼树夏季覆盖草源或肥料。可供选择的品种如印度豇豆、乌豇豆、赤豆、绿豆等都适宜作夏绿肥种植，其中乌豇豆更耐瘠薄。绿肥作物的播种适应期，在浙江4月中旬，当气温稳定在10℃以上时可播种。过早不利于齐苗，过迟鲜草产量不高。另外应注意带肥下种，因杨梅园土壤一般含砂砾较多，土质较瘠薄，故间种绿肥时最好配施一些磷钾肥。每亩可施钙镁磷肥5千克，硫化钾10千克，钼酸铵2克（先溶解于少量精酒或白酒，再加水50毫升，拌1千克种子），绿肥作物的收割，一般在夏季高温干旱来临前（约6月下旬），一次性收割完，作为幼树树盘覆盖草，或埋入土中作肥料；如要分次收割，则可留基干20厘米左右，收割后施一次稀薄氮肥，促其再长茎叶。

（五）投产树的管理

克服杨梅大小年结果现象杨梅大小年结果，其表现为大年花果多、产量高，但果小质差，春夏梢抽发少，而小年则相反。这是树体生长与结果、养分积累与消耗失衡在果实产量和质量上的综合反映。

1. 大小年结果的原因

杨梅树因其生物特性，每年下半年的花芽分化与夏梢、秋梢生长是同步进行的；而次年上半年的开花结果与春梢、根系生长也同步进行的。生产实践中往往会碰到这样的情况：当某一年风调雨顺，树体养分积累充足时，下半年形成了较多的花芽，而次年上半年开花结果期又遇到较好的天气条件时，则结果多而成大年。由于上半年结果多，消耗养分也多，下半年树体就无力形成较多花芽，这样次年结果少，就成了小年，如此往复。除气候条件外，也有人为因素造成大小年的。如杨梅树管理粗放，肥料投入不足，或虽施足肥料，但偏施氮肥，造成树体徒长，难以形成花芽；果实采收后肥料施用过迟，促发了大量的无用秋梢，影响了花芽分化；偏施磷肥，结果多而个体小；花芽或花期受到冻害等自然灾害，致使大量落花；或受病虫害侵袭而当年减产。如此造成当年小年，次年就相反了。

这种大小年结果现象，如果不用采取措施矫正，则一经形成，就会延续好多年。使树体内的营养水平和内源激素的平衡遭到了破坏，致使营养生长和生殖生长严重失调，这是造成大小年结果的根本原因。

2. 克服大小年结果的主要技术措施

针对大小年结果产生的原因，克服的措施要因树因地制宜，围绕上述“协调”和“平衡”的中心问题，其基本措施有两方面：一是合理施肥和改良土壤，做到“以钾为主，结合氮磷，配方施肥”，使杨梅树体生长健壮，并有深、密、广的根系和大、厚、多的叶面积，这是连年丰产稳产的基础。二是科学修剪和合理疏果，使树上一部分枝梢当年结果，另一部分枝梢次年结果，做到结果枝和生长枝配比适当。

（1）大年上半年。春季疏删修剪结果枝，减少花量、果量，促发生长枝，为次年结果作准备。采用化学药剂疏花、疏果，如在盛花后期，用 100 毫克/千克的多效唑溶液喷洒有花树冠，使之适量落花；也可用 1 000 倍液的吲熟酯或 200 毫克/千克萘乙酸、乙稀利，在幼果期喷洒，使适量落果。人工疏果，在生理落果以后，对半数左右的结果枝摘除幼果，使每条结果枝留适量的果数，此法疏果效果较稳定，但化工大，在杨梅集中产区较难实施。大年由于多，一部分成熟推迟，可喷洒果实催熟剂（如乙稀利等），促进后期果实提早成熟，达到采期一致。中耕施肥，在幼果期对树冠下土壤进行一次浅中耕（深约 20 厘米），然后视树体大小，每株开沟施入 0. 3~0. 5 千克尿素水溶液，促使适量落果。

（2）大年下半年。促进花芽分化，为次年开花结果打基础。在夏梢、秋梢长 1 厘米时，树冠喷洒 500~1 000 毫克/千克多效唑，以抑梢促花。如土施则应在上半年 2—3 月施用。果实采收后立即施入足量的有机肥和钾肥，控施氮肥，为形成花芽提供充足的养分。对大年结果后树势较弱的树，除土施肥料外，还可进行根外追肥，以 0. 3%尿素+0. 2%磷酸二氢钾+0. 2%硼酸（或硼砂）混合液作叶面喷施，以尽快恢复树势。对长势旺盛的树，对部分枝条基部进行环割 3~4 圈，使枝条上部积累养分，促使花芽形成。对旺长树，可在采果后于树冠滴水线附近开 40 厘米深的沟，适当断根，减少根系过多

的吸收氮素，增大碳氮比值。采果后立即喷“开特灵”“比久”“矮壮素”等植物生长调节剂，可促进叶片光合作用，增加营养物质积累。

（3）小年上半年。用化学药剂保花保果，如在终花期可喷20~30毫克/千克赤霉素。开花前喷500~800毫克/千克多效唑，抑春梢保花果。3月上中旬喷0.3%磷酸二氢钾液，隔10天再喷1次，连续2次。

（4）小年下半年。采果后树冠喷30~50毫克/千克赤霉素，每10天1次，连喷3~4次，抑制过多的花芽形成。采果后修剪，删除一部分春夏梢，以减少次年花果数量。果实采后肥少施或不施肥。

以上措施，其总的目的是适当减少大年的产量，增加小年产量，以逐步缩小大小年之间的差距。

十、樱桃树栽培技术

（一）建园

1. 园地选择

樱桃树建园宜选择在排、灌水良好，不易受冻害、晚霜侵害的山坡地。黏土地和脊薄地要改良土壤，开沟和起垄栽植。易受霜冻的平泊地最好按设施栽培建园，并选择较耐寒品种。

2. 选用壮苗

苗木质量与建园成败密切相关。新建园必须用根系发达，枝条充实，芽体饱满，无病无虫的优质壮苗。患有根癌的苗坚决不栽。提倡栽植2年生大苗或3~4年生成树，不仅成活率高，成园容易，而且见效快。

3. 品种

目前推广的品种主要有美早、先锋、拉宾斯、萨米脱4个高产、高效、优质品种。红灯由于近几年病毒侵染迅速，严重影响产量，发展时要慎重考虑。莫利乌因其成熟早，设施栽培或物候期早的地域可适当发展。早大果因设施栽培裂果严重，不提倡棚内栽植。

（二）树形选择

1. 三主枝改良主干形

定干40厘米，培养3个主枝，每主枝配备4个单轴延伸侧枝，三主枝上方中心干分三层配备10～15个单轴水平延长枝。该树形结果早，抗风雨能力较强，更新容易，适合平泊地栽培。

2. 改良纺锤形

定干70厘米，中心干分四层配备20～25个单轴水平延长枝。该树形易操作，结果早，抗风雨能力稍差，适合山地密植园栽培。

（三）不同时期管理

1. 整形扩冠期

从定植开始，到株距间有部分新梢交接，2～3年。

（1）地下管理。定植前施足有机肥。当年新梢萌发后至6月每15天喷施1次0.3%尿素液。从7月开始到株间新梢交接追肥以有机肥和氮肥为主，其他化肥为辅，少量多次。施肥同时浇水，以提高肥效。涝地、黏土地建园要起垄栽培。雨季注意排水，行间作物以大豆、花生为主，不可种植高秆作物及地瓜、土豆等。

（2）树上管理。三主枝改良主干形，每主枝间隔35厘米培养一个侧枝，在春剪或生长季修剪培养。生长季节修剪，应到7月底结束。要严控背上枝和延长枝数量。修剪中不用定干后第二芽培养主枝，主枝角度在70～80度。中干上分三层培养10～15个单轴延长枝。第一层5～6个，距三主枝80厘米；第二层4～5个，距第一层60厘米；第三层3～4个，距第二层40厘米，树高控制在2.5～3米。

改良纺锤形分四层培养20～25个延长枝。第一层8～9个；第二层5～7个，距第一层80厘米；第三层4～5个，距第二层60厘米；第四层3～4个，距第三层40厘米。树高控制在2.5～3米。

二种树形拉枝要规范，刻芽只刻枝条后部的两侧芽。

2. 初果期

树形培养完成。要缓势促花，进入结果，3～4年生。

（1）地下管理。追肥除增施有机肥外，化肥按“控氮、降磷、增钾、补微”八字方针进行。

追肥春、秋二次，施肥量因树而定。浇水视土壤干旱情况而定，但越冬水、花前水、硬核水必浇。

（2）树上管理。调整好骨干枝、结果枝角度，疏除延长枝多余分枝和过密的过渡枝，长枝后部3月下旬进行刻芽。

株间延长枝已部分交接的，当年9月中旬红灯、美早可喷一次100~200倍PP333溶液，其他品种喷100~200倍PBO。翌年5月上中旬全园喷150~200倍PBO，掌握好同浓度旺树多喷，弱树不喷，中庸树少喷；旺枝多喷，弱枝不喷，中庸枝少喷的原则。全年新梢生长量控制在20~30厘米。

3. 盛果期

亩产750~1 000千克，高者2 000千克，树龄5年生以上。

（1）地下管理。加大有机肥施用量，特别是充分腐熟的大豆、豆饼、鸡粪、腥肥等。基肥9月上中旬一次性施足，化肥要进行配方追施，樱桃要特别注意钙、硼、硅等微量元素的施用。也可按需要叶面喷施。浇水，硬核期最重要，花前、果实膨大、越冬水也非常关键。如水源奇缺，硬核期可采用穴贮肥水方法加以解决。山地果园可进行生草栽培，草长到一定高度割下覆盖树盘，可起到抗旱保墒，增加土壤有机质的作用。

（2）树上管理。树势完全稳定时，改良主干形可于春季、采果后逐步去掉多余过渡枝、过密枝，控制好外围枝数量。对易返旺的红灯、美早等品种，可于花前20天株施6~10克PBO。初花前5~10天，5月中旬新梢开始旺长时，各喷一次200倍PBO。不仅能稳定树势，促进花芽形成，还能提高坐果，减轻裂果，并有一定抗寒防冻能力。

（四）提高座果

（1）建园时搭配好品种，一般3个品种以上。主栽品种50%~60%，其他品种40%~50%，能显著提高自然坐果率。

（2）辅以人工、蜜蜂、壁蜂授粉都可显著提高坐果率。

（3）谢花70%时，喷2 000倍美国产速乐硼加200倍PBO，可显著提高坐果率。喷施0.3%的尿素、20毫克/千克赤霉素等对提高坐果均有一定效果。

（五）病虫害防治

（1）芽萌动后喷5波美度石硫合剂加300倍硼砂，可铲除越冬病虫，杀死桑白蚧，提高坐果率。

（2）采果后3~5天，喷施200倍倍量式波尔多液或1 800倍液铜大师。如遇降雨改喷日本福田化工生产的白方甲托或多抗霉素800倍液，历年细菌性穿孔病严重园加喷10%农用链霉素600~800倍液。

（3）采果后喷甲托或多抗霉素，8~10天后再喷波尔多液或铜大师。8月中下旬喷第二次波尔多液或铜大师，如降雨频繁，中间加喷一次内吸性杀菌剂。

（4）主要病害防治。

①流胶病：

病因：生理性缺钾、病毒、病菌、虫害或人为损伤等。

治理方法：0.5千克硫酸铜，1.5千克石灰，5千克水和0.25千克食用油（动、植物油）混合均匀，对流胶部位涂抹（注意：涂抹时不要人为地把流胶刮下，否则会加重病情）。3~5天涂抹一遍，连续2~3遍即可。此法对樱桃、杏树、桃树均有效。

②腐烂病、粗皮病、干腐病、木腐病（木腐病的发病现象：在枝条的部分部位长出很多白色的木耳）：

病因：病毒、病菌等侵害。

治理方法：将5千克水和0.5千克食用盐同时放到锅中烧开，冷却后刷在病株枝干上，隔半个月再刷一次，共刷两次即可有效杀死病菌或病毒，彻底把果树治好（注意：此法要在果树休眠期到萌芽前实施）。

③红、白蜘蛛，潜叶蛾等：能造成落叶的虫害可结合喷施波尔多液、铜大师、甲托等杀菌剂一起防治，但要注意有些杀菌剂不能和碱性农药混配。根据每年降雨不同，樱桃全年喷药3~5次。

附：波尔多液配制方法

波尔多液配制质量的好坏，直接影响到防病效果。优良的波尔多

液为天蓝色胶态悬浮液，呈微碱性，悬浮性、稳定性好。喷在叶片上后附着力强，能抑制真菌孢子的萌发、侵染，起到防病作用。正确配制方法：

以 1∶2∶200 倍倍量式波尔多液为例。

（1）两液同注法。在一个容器内用半量水（50 千克）溶解 0.5 千克硫酸铜，另一容器用半量水（50 千克）将 1 千克生石灰调成石灰乳，然后将硫酸铜液和石灰乳液同时缓缓倒入第三个容器中，边倒边搅。

（2）稀铜浓灰法。在一个容器内用 2/3 的水（66.5 千克）溶解 0.5 千克硫酸铜，另一容器内用 1/3 的水（33.5 千克），将 1 千克生石灰调成石灰乳后，经过滤倒入 1/3 水容器中，然后将硫酸铜液缓缓倒入石灰液容器中，边倒边搅拌，使化学反应在碱性强的介质中进行。这样配制的波尔多液质量好、胶体性能强、不易沉淀。

配制波尔多液还必须注意以下几点。

（1）硫酸铜要选择正规厂家生产的蓝色有光泽的结晶体；生石灰必须选用刚烧制的白色成块的优质生石灰；水要用清洁和含矿物质少的软水。

（2）波尔多液不能用金属器皿作容器，尤其不能用铁容器，以防铁与硫酸铜起化学反应，使硫酸铜变质失效。

（3）只能将稀的硫酸铜液缓缓倒入浓的石灰乳中，不可颠倒，不能太快，要顺一个方向搅拌，并且搅拌时间要长一些。

（4）波尔多液应现用现配，不可久置，更不可贮存，以免变质失效。

（六）施肥及缺素症

1. 施肥时间

最佳施肥时间为：在 9 月中旬施 70%的肥料，剩下 30%的肥料在花前、果实膨大期各施 1 次，采果后再施 1 次，一年中共施 4 次肥即可。

2. 施肥要点

施肥应注意肥料中氮、磷、钾的平衡（可以避免土壤出现板结、酸化)，氮、磷、钾三种元素在肥料中的最佳比例应为2∶1∶2。要按照“控氮、降磷、增钾、补微”的八字口诀来施肥（即降低氮肥和磷肥的施用量，提高钾肥和微量元素的施用量)。从幼果期开始到果品采收期间，严禁追施氮肥，以避免出现果树旺长而降低果实产量和果品质量。可在果实采摘后，叶面喷施0.3%的尿素液，以有效控制土壤中氮肥的含量，延缓果树叶片衰老，增强果树贮藏营养，为来年丰产提供保障。

3. 缺素症及防治

（1）裂果。樱桃采摘前，果实表面出现发软、发蔫症状；或出现水浸状果肉（玻璃果)；或出现豆斑病；或在果实进入膨大期后，遇到雨水就出现裂果现象。

病因：缺钙。

防治方法：

方法一：

根系补钙。秋冬季或开春以后，在每棵果树根系分布区挖2~3个小坑，深度20厘米左右，每个坑埋入0.25千克左右生石灰，然后用土掩埋（注意：一定不要浇水，要让其慢慢分解)。一次使用可管2~3年。在土壤中埋入生石灰，还可以起到调节土壤酸碱平衡，降低病虫害的作用。

方法二：

叶面补钙。在樱桃幼果期，把食用钙片碾碎，1片钙片对10~15千克水，均匀地喷施到叶片上，如裂果严重，可喷两遍。一次喷施10~15片钙片，也可以跟农药混合后一起喷施。一次喷施可管一年。

（2）果面着色不均匀、成熟晚或进入7—8月以后，叶片出现淡红色，并迅速焦枯死亡。

病因：缺镁导致果树养分运输不良。

防治方法：

方法一：根系补镁。施农家肥时加入适量煤灰，以放射形条状沟施用。1亩地施100千克左右煤灰即可。

方法二：叶面补镁。在樱桃采收前20天左右，用0.4%的硫酸镁

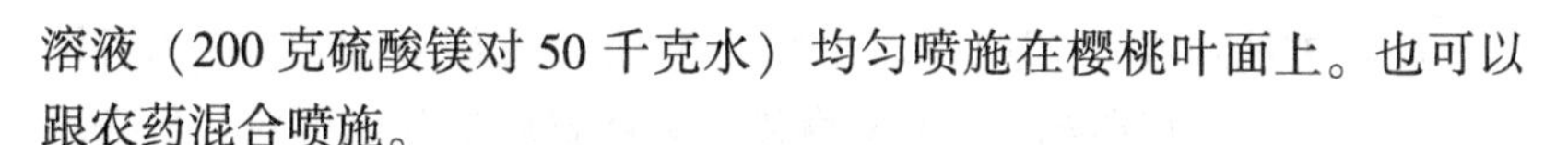

溶液（200 克硫酸镁对 50 千克水）均匀喷施在樱桃叶面上。也可以跟农药混合喷施。

（3）顶枯病（即从树体顶端开始出现死梢、死枝，并蔓延到整株树体，导致树体死亡）。

病因：缺硫。

防治方法：1 棵樱桃树补充 100~150 克硫黄粉。把硫黄粉与土混合均匀后施在树冠投影土壤中。

（4）黄叶病（从树叶边缘开始发黄并向叶内蔓延）。

病因：缺铁。

防治方法：因雨水大发生黄叶病的时候，用 0.4%硫酸亚铁溶液（即 200 克硫酸亚铁对 50 千克水）与农药混合喷施在果树上，3~5 天见效。

（5）果皮粗（粗皮病）、果肉硬、果实表面出现红点、出现裂果（注意缺钙也会发生裂果病症）。

病因：缺硅。

防治方法：叶面补硅。在果树幼果期，用 0.4%的硅酸钙溶液（200 克硅酸钙对 50 千克水）对叶面喷施。

（6）小叶病、花叶病。

病因：缺锌。

防治方法：在春季樱桃萌芽前，用 0.3%的硫酸锌溶液（150 克硫酸锌对 50 千克水）喷洒干枝。

（7）叶面上出现微小白点。

病因：缺铜。

防治方法：不用单独补充，确保每年喷施波尔多液两次。

（8）冻害（侧枝背上有腐烂症状，并且木质部发黑腐烂，发生腐烂）。

病因：缺钼。

防治方法：结合追肥，每亩施用 2.5~3 千克钼酸氨或钼酸钠。

（9）落花落果、畸形果、开花不坐果。

病因：缺硼。

防治方法：在萌芽前和幼果膨大期两次喷施 0.3% 硼砂水溶液（先用 1.5~2 千克温水对 150 克硼砂充分溶解后加凉水，对好后在短时间内喷施完）。地下追施硼砂的时候一定要注意不能过量，1 棵果树施用的硼砂最多不能超过 200 克，否则会引起硼砂中毒。

（六）重要技术环节

（1）落叶后清园要彻底，喷药要细致，稀释方法要得当。

（2）花后 15 天喷 600 倍果特密，隔 8~10 天再喷 1 次，连续喷 3 次。以减少落果、裂果，增大果个，增糖增色，提早成熟。

（3）平泊地和低洼地果园为防冻，可树干涂白、枝条喷白。春季如遇霜冻可利用浇水熏烟相结合的方法预防，以减轻冻害。熏烟要全民行动，方可达到良好效果。

（4）红灯叶片已表现病毒症状，结果少，畸形，甚至不结果。对这类树可在春季多枝高接换头，高接选择先锋和拉宾斯等高产品种。

（5）改良纺锤形必须用 2 年生壮苗，定干后刻芽或用萌芽素，以增加分枝量。

（6）栽植时用康地蕾得 75 倍或龙克菌 100 倍、多宁 100 倍浸根处理。坚决不栽已有根癌的苗。山壜薄地、不积涝地可选用抗干旱、根系发达、固地性好的山樱砧木嫁接的樱桃苗。

（7）使用农药、化肥，一定要购买正规大厂家生产、三证齐全的产品，并向经销商索要发票。农药、化肥用后保留包装物，以防出现问题无证据进行索赔。

十一、紫王葡萄避雨设施栽培技术

1. 避雨设施建设

葡萄避雨设施建设，拱高 2 米以上，单拱跨度 5.5~7 米，采用 0.1 毫米无滴膜覆盖，防止雨水冲刷，减少病害的发生，从而提高葡萄品种和产量。

2. 栽培技术

定植：定植时按宽窄行，宽行 2 米，窄行 1.1 米，株距 0.8~1

米，亩栽430~538株，在箱面上亩施尿素10~15千克，可在定植穴两边放一些农家肥，腐熟肥亩施1 500千克。挖定植穴深20厘米，宽30厘米，把葡萄苗根均平放在穴里，复土15厘米压实，浇定根水，再复土，喷除草剂（乙草胺）后，盖黑地膜。定植第二年亩产可达2 000千克以上，盛产期达到4 000千克。

3. 幼树管理

（1）留芽。幼苗修剪保留2~3个保满芽，发芽后保留3个枝芽，如芽少或发1芽时苗高30厘米摘心，摘心后保留3个芽分别向上生长，其余抹去，枝梢长至80~100厘米时摘心，上端保留上两个芽，下面副梢全部抹去，时实绑枝，以上两个芽生长至40厘米再分别摘心，保留上两个芽，下面全部抹去，再上两个芽20厘米反复摘心，使枝条粗成熟促成花芽分化，为来年产量打下基础。

（2）施肥。4—5月幼苗生长期每10~15天亩施尿素10千克，6月苗已长1米以上时亩施复合肥25千克，7月、8月、9月亩施尿素15~20千克，结合农家肥（每15天1次）。10月亩施复合肥25千克，尿素15千克，结合浇水，11月冬肥，亩施25千克复合肥加7.5千克硫酸锌加5千克硼肥，促使枝条成熟发芽分化良好，来年高产、果粒均匀。

（3）修剪。枝高50厘米以上修剪，剪去病枝和过密枝，以中梢修剪，剪留3~5个芽，这样挂果通风透光，着色好，亩保留3 500~4 000枝为宜，12月中旬至元月10日完成。

（4）挂果树管理。

施肥：3—5月发芽至花前分别施3~4次速效肥，亩施10~15千克尿素或尿胺，葡萄花后7天果粒绿豆大时亩施25千克复合肥，挖肥穴一定在离树茎40~50厘米。葡萄硬核期后着色初期：7月上旬亩施25千克硫酸钾，以后根据树势产量可按每亩25千克施3~4次硫酸钾。10月采果后亩施复合肥25千克加过磷酸钙肥50千克，硫酸锌7.5千克，硼肥5千克。

抹芽定枝：发芽后及时抹去主枝慢基部芽，芽高20厘米现花穗定枝，每株留结果枝8~10枝，每枝上端留1~2芽，其余下端副梢抹去，亩留枝芽4 000枝左右，及早抹去无效芽和卷须。

疏花、疏果：摘去小穗，大穗摘去花穗1/4穗尖，及早疏去小果和畸形的大果，保留穗重700~1 500克，亩留花穗3 500~4 000穗，果穗美观，亩产保留2 000~3 000千克。

绑枝、摘心：及时绑枝，绑枝距离17~20厘米，花穗下副梢全部抹去，初花期留花序上5~7叶摘心，每枝留顶上芽1~2芽向上生长，二次上芽5~7叶再摘心，再上芽1~2叶反复摘心。

套袋：打套袋药后，当天打多少套多少，药液基本干时才套。

采收：葡萄成熟时，及时采收出售，分级包装。

防鸟：布置防鸟网和果园内四周放驱鸟剂。

修剪：剪去病枝和过密枝，以中梢修剪，每枝剪留3~5个饱满芽，亩留4 000枝左右为宜。

冬季清园：打清园剂，清扫园内病枝病叶，集中烧毁。

(5) 病虫害防治。

①在葡萄萌芽后2~3叶时可用多菌灵或退菌特加杀虫剂喷雾一次，对葡萄的早期黑痘病进行预防。

②花絮展开时应用达双宁加扑海因加井冈霉素水剂加花果绿可提前对葡萄穗轴褐枯病的第1次防治。

③花前用嘧霉胺加井冈霉素水剂加异菌脲加倍加绿着重对葡萄黑豆病及葡萄的穗轴褐枯病的第2次防治。

④花后用霉能灵加井冈霉素加扑海因加481可防治葡萄的灰霉病及穗轴褐枯病及落果病，也是最关键的一次预防。

⑤幼果期：百泰加花果红加极典可防治葡萄的早期炭疽病和早期霜霉病。

⑥幼果生长期：戊挫醇加贝萃加烯克霜可促进幼果的快速生长。

⑦果实膨大期：百泰加金链加尊冠使百克对葡萄的房枯病、霜霉病的防治，如果霜霉病情节严重的地方用原药间隔10天再喷雾一次。

⑧果实硬核期：优美达加富力库加达科宁加中生菌素可防治葡萄的白腐、黑腐病防治必要时可再间隔7~10天再喷雾1次。

⑨果实成熟期：用敌力脱加尊冠加金链加欧得着重对葡萄的炭疽

病，白粉病白腐病的防治。

⑩收成后应对葡萄叶片霜霉病、黑痘病大褐斑病的防治及肥水的管理为来年丰收打下基础。

第三节　中药材栽培技术

一、桔梗栽培技术

桔梗为桔梗科植物桔梗的干燥根，又名大药，为常用中药。具祛痰止咳、消肿排脓之功能。主产山东、江苏、安徽、浙江、四川等省。全国各地均有分布。

（一）形态特征

多年生草本，全株光滑，高 40~50 厘米，体内具白色乳汁。根肥大肉质，长圆锥形或圆柱形，外皮黄褐色或灰褐色。茎直立，上部稍分枝。叶近无柄，茎中部及下部对生或 3~4 叶轮生；叶片卵状披针形，边缘有不整齐的锐锯齿；上端叶小而窄，互生。花单生或数朵呈疏生的总状花序；花萼钟状，裂片 5；花冠阔钟状，蓝紫色，白色或黄色，裂片 5；雄蕊 5，与花冠裂片互生；子房下位，卵圆形，柱头 5 裂，密被白色柔毛。蒴果倒卵形，先端 5 裂。种子卵形，黑色或棕黑色，具光泽。花期 7—9 月，果期 8—10 月。

（二）生长习性

桔梗为深根性植物，根粗随年龄而增大，当年主根长可达 15 厘米以上；第二年的 7—9 月为根的旺盛生长期。采挖时，根长可达 50 厘米，幼苗出土至抽茎 6 厘米以前，茎的生长缓慢，茎高 6 厘米至开花前（4—5 月）生长加快，开花后减慢。至秋冬气温 10℃以下时倒苗，根在地下越冬，一年生苗可在-17℃的低温下安全越冬。

种子在 10℃以上时开始发芽，发芽最适温度在 20~25℃，一年生种子发芽率为 50%~60%，二年生种子发芽率可达 85%左右。且出芽快而齐。种子寿命为一年。

桔梗喜凉爽湿润环境，野生多见于向阳山坡及草丛中，栽培时宜选择海拔 1 100 米以下的丘陵地带，对土质要求不严，但以栽培在富含磷、钾的中性类沙土里生长较好，追施磷肥，可以提高根的折干率。桔梗喜阳光耐干旱，但忌积水。

(三) 栽培技术

1. 选地、整地

选阳光充足，土层深厚的坡地或排水良好的平地，土质宜选砂质壤土、壤土或腐殖土。每亩施土杂肥 4 000 千克作底肥，深耕30~40 厘米。整细耙平，作成宽 1.2~1.5 米的畦。

2. 繁殖方式

以种子繁殖为主，但应注意一年生桔梗结的种子俗称“娃娃种”，瘦小而瘪，颜色较浅，出苗率低，且幼苗细弱，产量低，而二年生桔梗结的种子大而饱满，颜色深，播种后出苗率高，植株生长快，产量高，一般单产可比“娃娃种”高 30%以上。

(1) 种子处理将种子置于 50~60℃ 的温水中，不断搅动，并将泥土、瘪子及其他杂质漂出，待水凉后，再浸泡 12 小时，或用 0.3% 高锰酸钾溶液浸种 12 小时，可提高发芽率。

(2) 播种期秋播、冬播及春播均可，但以秋播为好，秋播当年出苗，生长期长，结果率和根粗明显高于次年春播者。

(3) 播种方法一般采用直播，也可育苗移栽。直播产量高于移栽，且根形分杈小，质量好。在生产上多采用条播：在畦面上按行距 20~25 厘米开条沟，深 4~5 厘米，播幅 10 厘米，为使种子播得均匀，可用 2~3 倍的细土或细砂拌匀播种，播后盖火灰或覆土 2 厘米。用种量：直播每亩 750~1 000 克，育苗每亩 350~500 克。

(四) 田间管理

(1) 间苗、补苗。苗高 2 厘米时适当疏苗，苗高 3~4 厘米时定苗，以苗距 10 厘米左右留壮苗 1 株。补苗和间苗可同时进行，带土补苗易于成活。

(2) 中耕除草。由于桔梗前期生长缓慢，故应及时除草，一般 3 次，第一次在苗高 7~10 厘米时，一月之后进行第二次，再过一个月进行第三次，力争做到见草就除。

（3）肥水管理。6—9月是桔梗生长旺季，6月下旬和7月视植株生长情况应适时追肥，肥以人畜粪为主，配施少量磷肥和尿素。无论是直播还是育苗移栽，天旱时都应浇水。雨季田内积水，桔梗很易烂根，应注意排水。

（4）打顶、除花。苗高10厘米时，2年生留种植株进行打顶，以增加果实的种子数和种子饱满度，提高种子产量。而一年生或二年生的非留种用植株一律除花，以减少养分消耗，促进地下根的生长。在盛花期喷施1毫升/升的乙烯利1次可基本上达到除花目的，产量较不喷施者增加45%。

（五）病虫害防治

（1）轮纹病和纹枯病主要为害叶片，发病初期可用1∶1∶100波尔多液或50%多菌灵1 000倍液喷施防治。

（2）拟地甲为害根部，可在5—6月幼虫期用90%敌百虫800倍液或50%辛硫磷1 000倍液喷杀。

（3）蚜虫、红蜘蛛为害幼苗和叶片，可用40%乐果乳剂1 500~2 000倍液或80%敌敌畏乳剂1 500倍液，每10天喷杀1次。

（4）菟丝子在桔梗地里能大面积蔓延，可将菟丝子茎全部拔掉，为害严重时连桔梗植株一起拔掉，并深埋或集中烧毁。

此外尚有蝼蛄、地老虎和蛴螬等为害，可用敌百虫毒饵诱杀。

（六）采收与加工

播种两年或移栽当年的秋季，当叶片黄萎时即可采挖，割去茎叶、芦头，将根部泥土洗净后，浸在水中，趁鲜用竹片或玻璃片刮去表面粗皮，洗净，晒干或用无烟煤火炕干即成。

（七）留种技术

桔梗花期较长，果实成熟期很不一致，留种时，应选择二年生的植株，于9月上中旬剪去弱小的侧枝和顶端较嫩的花序，使营养集中在上中部果实。10月当蒴果变黄，果顶初裂时，分期分批采收。采收时应连果梗、枝梗一起割下，先置室内通风处后熟3~4天，然后再晒干，脱粒，去除瘪子和杂质后贮藏备用。成熟的果实易裂，造成种子散落，故应及时采收。

二、太子参栽培技术

太子参，又名孩儿参、童参等，为石竹科假繁缕属多年生草本，以块根入药。太子参有类似人参益气生津、补益脾胃的功能。尤其适用于小儿夏季久热不退、饮食不振、肺虚咳嗽、心悸等症。

1. 形态与习性

太子参株高15~20厘米、地下块根肉质，纺锤形。茎单一，茎顶有4片大型叶状总苞。花腋生，白色，近地面1.2节处有单生闭销小花，紫色；茎顶着生大花1~3朵，白色。蒴果熟时下垂，开裂。花期4—5月，果期5—6月。喜温和湿润气候，在10~20℃时生长旺盛；怕高温，30℃以上停滞生长；怕强光暴晒，在烈日下易枯萎；耐寒，在低温下能生根、发芽，-17℃时可安全越冬；喜荫蔽；6月下旬开始枯萎，进入休眠越夏、生长期只有120天。

2. 整地与施肥

太子参喜大肥，选富含腐植质、疏松、肥沃、排水良好的砂壤土地块，一次施足底肥。

亩施腐熟的鸡羊粪1 000千克、过磷酸钙50千克，撒于地面，耙匀，深耕25厘米。并随深翻撒施硫酸钾复合肥50千克，整平、耙细，做1米宽平畦。

3. 繁殖

用块根繁殖。9月下旬至10月上旬下种，过晚则因气温下降年前不能生根，影响下年产量。下种时选芽头完整、参体肥大、无伤、无病虫害的块根，按行株距（12~15）厘米×（4~6）厘米开沟．沟深7~8厘米。将块根横排或斜排于沟中。斜排时顶芽向上，芽头位置在同一水平上，习称“上齐下不齐”、埋土7~8厘米厚，稍镇压。每亩用种量40~50千克。

4. 田间管理

（1）防止人畜踩踏。秋季栽后当年不出苗、要保持畦面平整，勿让人畜践踏；留种田越夏期间更应防止践踏。避免局部积水参根腐烂。

（2）中耕除草。幼苗期生长缓慢，杂草繁生。用小锄浅浅地锄两遍。5 月上旬植株封行后，停止中耕除草、有草要拔除。

（3）追肥。太子参生长期短，主要以基肥为主。如幼苗期瘦弱，每亩用 0.5%尿素液 120 千克喷洒小苗，10 天 1 次、连喷 2~3 次。

（4）浇水与排涝。天气干旱时要及时浇水，保持畦面湿润，利于发根和植株生长。雨季注意排涝，防止烂根。

5. 防治病虫害

（1）病毒病。受害植株叶片皱缩，植株干枯，块根细小。防治方法：注意防治蚜虫；选择无病株或实生苗留种；增施磷钾肥，增强植株抗病力；实行轮作。

（2）叶斑病。发生于雨季，为害叶片，严重时植株枯黄而死。防治方法：发病初期用 65%代森锌 500 倍液喷雾。

（3）根腐病。7—8 月高温高湿季节发病严重。发病初期，先由须根变褐腐烂，逐渐向生根蔓延，最后全根腐烂。防治方法：栽种前块根用 25%多菌灵 200 倍液浸种 10 分钟；而后及时排水；发病期用 50%多菌灵 800 倍液，或用 50%甲基托布津 1 000 倍液灌病株穴。

（4）地老虎、蛴螬、金针虫幼虫咬食块根或根茎，尤其在块根膨大、地上部即将枯萎时为害严重。防治方法：用敌百虫毒饵于傍晚撒到田间进行诱杀。

6. 收获与加工

6 月下旬，植株枯萎倒苗时参的块根已长成、除留种地外，即可收获。选晴天、挖出块根，洗净泥土，直接晒干，搓光须根，称生晒参。若置沸水中烫 2~3 分钟，捞出暴晒至半干，搓去须根，再晒至全干，称烫参。其以参干、无须根、大小均匀、色微黄者为佳。

7. 留种技术

（1）原地保种法。在起参时留出部分参畦不挖，并于 5 月上旬在畦内按行株距 35 厘米×25 厘米套种春大豆。待参株枯黄倒苗时大豆已长满畦面，既能遮阴防强光直射，又能保持畦内水分，使种参安全度过炎夏。

（2）原地育苗法。利用参地自然散落的种子进行育苗。太子参蒴果成熟后易开裂，种子散落在地易发芽。收获后在原参地施肥、耕翻、整地作畦，照常种上萝卜等蔬菜。翌年早春散落的种子即发芽出苗。加强管理，进行间苗、浇水、除草等。5月上旬再套种春大豆、遮荫保苗度夏。秋天即可刨出作种参栽入大田。

三、黄柏栽培技术

黄柏为芸香科落叶大乔木，又名黄波椤，川黄柏。以树皮及根皮入药，具有清热解毒，泻火燥湿功能，主治急性细菌性痢疾，急性肠炎，湿热黄疸，尿道热痛，湿疹及化脓性疾患等。

（一）特征特性

树杆高数丈，树皮外层暗灰色，内层黄色，花期5—7月，果期6—10月，对气候适应性较强，苗期稍能耐阴，成年树喜阳光。耐严寒，喜深厚肥沃土壤，怕涝，幼苗忌高温干旱，适宜在海拔1 200~1 500米的山区生长。

（二）栽培技术

（1）繁殖方法。分为种子育苗移栽和扦插移栽两种。

①育苗：将10月收获物黄柏种子去掉果壳后，立即用潮湿土和沙进行假植贮藏，以备第二年春播，否则种壳干后不易出苗。苗床应选择疏松、肥沃、潮湿、向阳的土地，播种前将地深翻，并施火粪土拌猪牛圈肥堆沤后做基肥，犁耙2道，整平耙细，做成1.4~1.5米宽的平厢。播种时间分冬播和春播，冬播在种子收获后，去掉果壳杂质，放在清水中浸泡，搓洗淘去果肉，再拌草木灰，按行距24~33厘米条幅14厘米开沟条播，或按行株距20厘米开穴点播，每穴播种8~10粒，盖土约6厘米，整平，并盖草以保持土壤湿润，促使出苗。

②扦插：按育苗方法整地，当黄柏树枝生长旺盛的夏季，选手指粗的树枝，剪成17~21厘米长的节段，立即在整好的地上，按行距21厘米，株距10厘米，将插条斜插地里，深约10厘米，并经常浇水，生根后就可移栽。

（2）苗床管理。春季出苗后，揭掉盖草，苗高4~7厘米时拔第一次草，用小刀弄松厢面土质，结合追肥，用人畜粪水提苗，夏、秋

黄柏苗高 12~15 厘米时进行第二次拔草松土，并用堆肥掺腐殖土撒于厢面壅根，以利生根。

（3）移栽。黄柏幼苗生长 2 年，苗高 0.5~0.7 米时，就可移栽，选择适合黄柏生长的山区坡地，路边，若在荒山成片移栽，按行株距 170 厘米挖窝，窝子大而深且平。每窝施土粪肥一筐与土混合，移栽时间分冬栽和春栽，但都应在黄柏苗落叶后，萌发前移栽最适宜，移栽时将须根展开，壅土踩紧，天旱时要浇水 2 次，促使幼苗成活生长。

（三）栽后管理

（1）中耕除草。黄柏移栽后的前几年，苗子幼小，应加强管理，每年夏秋应把黄柏周围的杂草锄去并把土刨松，将杂草埋入土中作肥料。

（2）施肥。定植 1 年后，在每年入冬前施 1 次厩肥，每株沟施 10~15 千克，植株长大后继续除草施肥。

（3）病虫害及其防治。

锈病：叶背呈橙黄色微突起小斑，逐渐枯死。

防治方法：发病期用 25%粉锈宁可湿性粉剂 700 倍液喷雾，每隔 7~10 天 1 次，连续2~3 次。

（四）采种

黄柏果实于 10—11 月成熟，采摘后，堆放 10~15 天腐烂，搓出种子，洗净，阴干或晒干，贮藏于燥通风处备用。

（五）采收与加工

（1）采收。黄柏一般在定植 15~20 年后采收，生长的时间越长，产量越高，质量越好，收获时间在立夏之间，采用环剥方法，选夏初阴天，用嫁接刀在黄柏树段的上下两端分别围绕树干环剥一圈，再在两横切口纵割一刀，切口深度以切断树皮而不伤形成层木质部为度，小心撬起树皮，剥皮长度 80~100 厘米，剥后喷 10 毫米克/升的吲哚乙酸，然后用略长于剥皮长度的小竹竿仔细捆在树干上，再用等长的薄膜包扎两层，捆好，剥皮可每年连续进行。

（2）加工、将剥下的树皮，放在太阳下晒至半干，压平，撑开成张，晒至全干即为成品。

四、金银花栽培技术

金银花为忍冬科多年生灌木，在全国各地都能生长，在-35~40℃不受伤害。

植物特征：茎直立，栽植后当年株高1~1.5米，如发现徒长要剪掉，以利多生侧枝。侧枝越多，产量越高。亩栽450~500株，成活率98%以上。

在上半年花蕾含苞未放时采摘一次，中秋节前后采摘一次，采后在通风干燥处晾干，栽后到第二年为盛产期，并保持多年，亩产干花100~150千克。冬栽于上冻前，春栽开花至“6.1”节止，按行距1.5米，株距1.2米，挖小坑栽培。浇一些水即可成活。山坡、荒地沙滩均可生长，同时又是美丽的盆景，作为花卉观赏，清香雅致，别具一格。

（一）繁殖方法

可利用向阳的荒坡沙地、梯田边、河溪旁种植。亩施有机粗杂肥2 000~3 000千克后翻耕整地。即可播种。方法有以下几种。

（1）压条种植。分春秋两季，春季宜在新芽末萌发时；秋季在8月底至10月中旬为好。一般选择1~2年生健壮的枝条作压条，长50~80厘米，覆土后踩紧，压条露出土面2/5，遇大旱要及时浇水。半个月开始发根，次年春季或秋季进行定植移栽，采用一穴一株，定苗移栽。

（2）分根种植。秋季阴雨天气，将金银花母株挖出，然后分开种植。此法影响来年花的产量，种源也有限，一般适宜于观赏用的大株金银花的繁育。

（二）田间管理

（1）中耕、除草。每年中耕、除草3~4次：出新叶时进行第1次，7月、8月进行第2次、第3次。在秋末冬初霜冻前进行最后一次。结合中耕培土，以免花根露出地面。除草应从花棵外围开始，先远后近，注意切勿损坏根系。

（2）追肥。栽植后的头1~2年内，是金银花植株发育定型期，

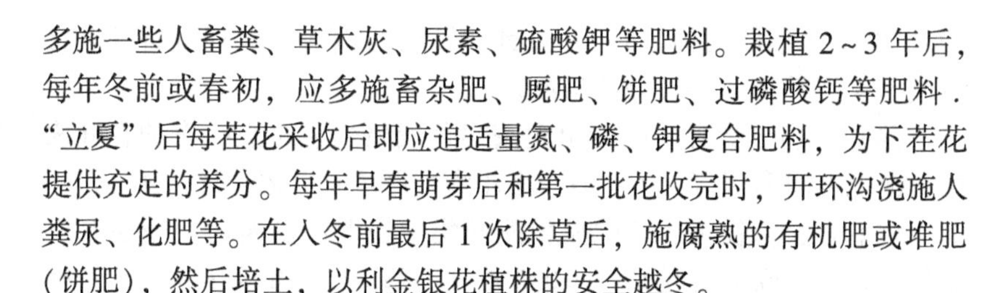

多施一些人畜粪、草木灰、尿素、硫酸钾等肥料。栽植 2~3 年后，每年冬前或春初，应多施畜杂肥、厩肥、饼肥、过磷酸钙等肥料．“立夏”后每茬花采收后即应追适量氮、磷、钾复合肥料，为下茬花提供充足的养分。每年早春萌芽后和第一批花收完时，开环沟浇施人粪尿、化肥等。在入冬前最后 1 次除草后，施腐熟的有机肥或堆肥(饼肥)，然后培土，以利金银花植株的安全越冬。

（3）修剪。栽种后头两年的主要任务是使金银花的植株能够生长成伞形的植株造型。以后每年的秋冬季节，修剪掉老枝、弱枝及徒长枝。使金银花植株的内外层次分明，通风透光，以利提高产量。每年的早春发芽前，将枝条顶端剪去，促使枝条下部逐步粗壮，直立生长。较大的植株应除去老枯枝和内堂无效枝，生长旺盛的植株要轻剪，生长弱的老龄花株要重剪，促使多成花枝。

（三）病虫害防治

（1）褐斑病。叶部常见病害，造成植株长势衰弱。多在生长中后期发病，8—9 月为发病盛期，在多雨潮湿的条件下发病重。发病初期在叶上形成褐色小点，后扩大成褐色圆病斑或不规则病斑。病斑背面生有灰黑色霉状物，发病重时，能使叶片脱落。

防治方法：剪除病叶，然后用 1：1.5：200 波尔多液喷洒，每 7~10 天 1 次，连续 2~3 次：或用 65%代森锌 500 倍稀释液或托布津 1 000~1 500 倍稀释液，每隔 7 天喷 1 次，连续 2~3 次，可收到较好的防治效果。

（2）白粉病。在温暖干燥或植株荫蔽的条件下发病重；施氮过多，植株茂密，发病也重。发病初期，叶片上产生白色小点，后逐渐扩大成白色粉斑，继续扩展布满全叶，造成叶片发黄，皱缩变形，最后引起落花、落叶、枝条干枯。

防治方法：清园处理病残株；发生期用 50%托布津 1 000 倍液或 BO-10 生物制剂喷雾。

（3）炭疽病。叶片病斑近圆形，褐色可自行破裂，潮湿时其上着生橙红色点状黏状物，为大量聚集的分生孢子。

防治方法：清除残株病叶，集中烧毁；移栽前用 1：1：（150~

200）波尔多液浸栽种，5~10分钟；发病期喷洒65%代森锌500倍液或50%退菌特800~1 000倍液。

（4）锈病。受害后叶背出现茶褐色或暗褐色小点；有的在叶表面也出现近圆形病斑，中心有1个小疱，严重时可致叶片枯死。

防治方法：收花后清除枯株病叶集中烧毁；发病初期喷50%二硝散200倍液或25%粉锈宁1 000倍液，每隔7~10天1次，连续喷2~3次。

（5）蚜虫。为害叶片、嫩枝，引起叶片和花蕾卷曲，生长停止，产量锐减。4—6月虫情较重，“立夏”前后，特别是阴雨天，蔓延更快。

防治方法：用40%乐果1 000~1 500倍稀释液或灭蚜松（灭蚜灵）1 000~1 500倍稀释液喷杀，连续多次，直至杀灭。

（6）天牛。5月成虫出土，在枝条上端的表皮内产卵，幼虫先在表皮内活动，以后钻入木质部，向基部蛀食，秋后钻到茎基部或根部越冬。植株受害后，逐渐衰老枯萎，乃至死亡。防治方法：成虫出土时，用80%敌百虫1 000倍液灌注花墩。于产卵盛期，每7~10天喷1次50%辛硫磷乳油600倍液，或50%磷胺乳油1 500倍液，连续数次。发现虫枝，剪下烧毁。将80%敌敌畏原液浸过的药棉塞入虫孔用泥封住，毒杀幼虫；或用钢丝插入新的虫孔刺杀。

（7）尺蠖。头茬花后幼虫蚕食叶片，引起减产。

防治方法：入春后，在植株周围1米内挖土灭蛹。幼虫发生初期，喷2. 5%鱼藤精乳油400~600倍液；或用敌敌畏、敌百虫等喷杀，但花期要停止喷药。

（四）采收与加工

采收金银花的优良品种如封丘大毛花、鸡爪花等，春季栽植者当年即可结花，秋冬季栽植者次年结花，所以金银花一经栽植，就要考虑花蕾采收和加工问题，准备好采收花蕾的容器和建造花蕾加工烤房。

1. 采收

（1）金银花花蕾发育规律。封丘大毛花每年开4~5茬花，第1

茬花从4月中旬开始萌蕾，以后逐渐增多，到5月中旬花蕾发育成熟开始开花，5月底第1茬花结束，以后每30天左右1茬花，最后一茬花不集中可陆续开到10月上旬。

金银花单花从萌蕾到开放需13～20天，春季长些，夏秋季气温较高，花蕾发育较快，发育时间短些。当花蕾长到应有长度的1/2时发育加快，花蕾颜色开始由青变白，如不及时采收，就要开放。

（2）采收时机。金银花从现蕾到开放、凋谢，可分为以下几个时期：米蕾期、幼蕾期、青蕾期、白蕾前期（上白下青）、白蕾期（上下全白）、银花期（初开放）、金花期（开放1～2天到凋谢前）、凋萎期。青蕾期以前采收干物质少，药用价值低，产量、质量均受影响；银花期以后采收，干物质含量高，但药用成分下降，产量虽高但质量差。白蕾前期和白蕾期采收，干物质较多，药用成分、产量、质量均高，但白蕾期采收容易错过采收时机，因此，最佳采收期是白蕾前期，即群众所称二白针期。

（3）采收方法。金银花采收最佳时间是：清晨和上午，此时采收花蕾不易开放，养分足、气味浓、颜色好。下午采收应在太阳落山以前结束，因为金银花的开放受光照制约，太阳落后成熟花蕾就要开放，影响质量。采收时要只采成熟花蕾和接近成熟的花蕾，不带幼蕾，不带叶子，采后放入条编或竹编的篮子内，集中的时候不可堆成大堆，应摊开放置，放置时间不可太长，最长不要超过4小时。

2. 加工

金银花的初加工是将采集的新鲜花蕾通过一定方法，使之变为干燥花蕾。主要方法有晾、晒、烤等。晾花和晒花由于不适合大量加工，且质量差不稳定，所以逐渐被淘汰，生产上主要应用的加工方法是明火烘干法。此法不受天气影响，干燥花蕾质量好，为群众所普遍采用。但“明火烘干法”缺点是二氧化硫等有害物质的污染严重，近年来，农业技术人员和药农共同创造了“烤房四段变温烘干技术”，减少了二氧化硫等有害物质的污染，做到了无公害加工，具体方法如下。

（1）烤房、烘架的建造。首先要根据种植面积大小确定烤房规模，一般每亩金银花需烤房4~5平方米，烤房一般为平房，其建造方式有2种。

①单排烤架式：烤房长度根据金银花面积大小而定，宽度2~2.2米，高2~2.5米，设一门一窗，顶部设2个排气孔，烘干架顺房的长边一侧建造，宽0.8米，高2~2.5米，0.8~1米高处为最低层，向上每隔15~20厘米为1层，共6~10层。

②双排烤架式：烤房长度随金银花面积大小而定，宽2.5~3.2米，高2~2.5米，设一门一窗或两窗，房顶部或近房沿处设2~3个排气孔。无论单排式或双排式，都要求烤房的内壁光洁，不透气。

（2）火炉的放置。为了保证金银花快速干燥和烘烤质量，烤房内应有足够的火力，一般每2~3平方米应有1个火炉，火炉放置位置应在走道内，火炉上安装排气筒，以避免或减少二氧化硫等有害气体对金银花的污染。

（3）温度控制。开始烘干时温度控制在30~35℃；2小时后将温度提高到40℃左右；再经5~10小时，温度提高到45~50℃，维持10小时；最后温度提升到55~58℃，最高不得超过60℃，烘干总时间为24小时。温度过高烘干过急，则花蕾发黑，质量下降；温度太低，烘干时间过长，则花色不鲜，呈黄白色，也影响质量。

（4）操作方法。烘干时先将采回的花蕾撒在竹、苇等材料制成的方形烤盘内，置最下层，2~4小时向上移动1次，移至上层后要注意检查是否干燥，达到干燥标准后及时收下贮藏。干燥的标准为：捏之有声，碾之即碎。

（5）注意事项。无论是晒花还是烤花，在花蕾干燥前均不能用手触摸或翻动，否则花蕾变黑，降低品质，影响销售。

五、何首乌的栽培技术

何首乌蓼科植物何首乌的干燥块根，别名首乌、赤首乌、地精有补肝肾，益精血的功效；其干燥茎藤称首乌藤，又名夜交藤，可养心，安神；其叶可治疗疥癣、瘰疬。主产于贵州、云南、湖北、广西

壮族自治区等省区，为野生，广东德庆等地有栽培。

（一）形态特征

为多年生缠绕草本，长可达3米多。根细长，末端形成肥大的块根，质坚实，外表红褐色至暗褐色。茎上部分多分枝无毛，常呈红紫色。单叶互生，具长柄，叶片为狭卵形或心形，先端渐尖，基部心形或箭形，全缘；胚叶鞘膜质，抱茎。圆锥花序顶生或腋生，花小密集，白色；花被5深裂；裂片倒卵形，外面3片背部有翅。瘦果卵形至椭圆形，具3棱，黑色有光泽。花期10月，果期11月。

（二）生长习性

何首乌多野生于草坡、路边及灌木丛等向阳或半荫蔽处，适应性较强，喜温暖湿润的气候，怕积水，在富含腐殖质的壤土和沙壤土中生长佳，在中国南方及长江流域均能正常生长。

春季播种、扦插的何首乌，当年都能开花结实。3月中旬扦插的何首乌4—6月其地上的茎藤迅速生长时，地下根也逐渐膨大成块根；而同期播种的，要到第二年才能逐渐膨大成块根。扦插生根快，成活率高，种植年限短、结块多，因而生产上以这种方法繁殖优。种播容易萌发，发芽率60%~70%，但因生长期较长，生产上少采用。

（三）栽培技术

1. 选地、整地

可在林地、山坡、上坎及房屋后零星地块种植。选排水良好、较疏松肥沃的土壤或砂壤土栽培为好。选好的地块在冬前深翻30厘米以上，使其充分风化。整地前每亩施杂肥4 000千克，用犁耙平整，打碎泥土后，育苗地起成高约20厘米、宽约1米的平畦，定植地起成高约30厘米、宽约1.3米的高畦。

2. 繁殖方式

以扦插繁殖为主，也可块根繁殖。

（1）扦插繁殖。每年早春，选生长粗壮、半年生的藤蔓作插条。剪成有3节的小段，按行距15~18厘米，开沟深10厘米，以株距3厘米将扦插条摆入沟中，覆土压实，插条有2个芽要埋入土中，注意要顺芽生长的方向插，畦面上盖草。若天气较干旱，要经常淋水，雨季注意排风。10 天后就会长出新根，30 天后便可移栽进定植地。

(2) 块根繁殖。在春季采收时，选健壮、无病害的小块根，截成每段带有两三个健壮芽头的种块，在 2 月下旬至 3 月上旬按株行距 15 厘米×25 厘米开穴，穴深 6~10 厘米，每穴栽入 1 个，覆土后及时浇水。

移栽定植宜在春季进行。在定植地上按株行距 25 厘米×35 厘米挖穴，每穴种入 1 株种苗，每畦种 2 行，种后覆土压实，浇淋定根水。

3. 田间管理

(1) 浇水除草。定植初期要经常浇水，保持土壤湿润，幼苗期应勤于除草，一般搭架后不宜入内除草。

(2) 搭架。当苗高 30 厘米以上时，用竹子或树枝搭成“人”字形、高约 1.5 米的支架，以利于茎藤向上缠绕生长。

(3) 追肥。定植后 15 天，每亩施腐熟的人粪尿 500 千克，开浅沟施于行间，以后每隔 15 天追肥 1 次，施肥浓度可逐次提高。前期以氮肥为主，后期追施磷、钾肥。开花后追施 2%的食盐水和石灰，可提高产量。

(4) 打顶剪蔓。藤蔓长到 2 米高时，摘去顶芽，以利分枝。30 天后剪去过密的分枝和从基部萌发的徒长枝，以减少养分消耗。摘掉茎基部的叶子及不留种的花蕾，以利通风、透光。

(5) 培土。南方产区在 12 月底进行根际培土，以增加繁殖材料，促进块根生长；北方入冬前培土，以利于越冬。

4. 病虫害防治

(1) 叶斑病。在高温多雨季节开始发病，田间通风不良发病重，为害叶。防治方法：保持通风、透光，剪除病叶；发病初期喷1∶1∶120 波尔多液，每隔 7~10 天喷 1 次，连续 2~3 次。

(2) 根腐病。多在夏季发生，为害根部。防治方法：注意淋水；拔除病株，病穴撒上石灰盖上踩实；用 50%多菌灵可湿性粉剂 1 000 倍液灌根部，可起到保护作用。

(3) 锈病。2 月下旬始发病，3—5 月和 7—8 月为害重，为害叶片。防治方法：清除病叶、病株及地上残叶；用 75%的百菌清 1 000

倍液或75%的甲基托布津800~1 000倍液喷洒，每7~10天喷药1次，连续2次。

(4) 蚜虫。用40%乐果乳油1 500~2 000倍液加少量洗衣粉喷杀，每隔半个月喷1次。

(四) 采收与加工

种植2~3年即可收获，扦插的第四年收产量较高。秋季落叶后或早春萌发前采挖，除去茎藤，挖出根，洗净泥土，大的切成2厘米左右的厚片，小的不切，晒干或烘干即成。以体重、质坚、粉性足者佳。

夜交藤栽后第二年起秋季割下茎藤，除去细枝和残叶，晒干而成。以质脆、易折断者佳。

六、鱼腥草无公害栽培技术

鱼腥草，即折耳根，属三白草科多年生草本植物，味微辛，性凉，入肺经，对流感病毒、肺炎球菌有明显抑制作用，具有清热、解毒、利尿、镇痛、止咳、驱风、顺气、健胃等功效其嫩茎、嫩叶凉拌或煮汤后味道鲜美，常食可预防流感、肺炎、湿疹等多种疾病，是一种药食兼用的保健蔬菜。现将其无公害栽培技术总结如下，以供参考。

(一) 选地整地

(1) 地块选择选择地势平坦、水源充足、排灌方便、耕层深厚、土壤结构适宜、理化性状良好、肥力适中，符合GB/T 18407.1—2001要求，土质壤土或沙壤土的地块。

(2) 精细整地选好地块后，彻底清除杂草、碎石，深耕晒垡。栽植耕翻耙平，施足基肥，做到地块疏松、肥沃、平整。

(3) 施足基肥栽植前，每亩均匀撒施经充分腐熟的农家肥4 000~5 000千克、草木灰150~200千克（或硫酸钾15千克），耕翻1次，深25~30厘米，使肥料与土壤充分混合。

(4) 科学作畦因地制宜作畦，低洼地和冷浸地做成阳畦，高地做成平畦，畦宽1.5~2米。

（二）栽培技术

（1）栽植时间一般在春季晚霜结束后栽植。

（2）繁殖方式一般采用地下茎进行无性繁殖。

（3）栽植方法选择肥壮的种茎，用消毒好的刀具切成5~10厘米长，保证每段有3~4节。在畦面上开宽15厘米、深20厘米的栽植沟，将种茎按5厘米的株距平放于沟内，覆6~7厘米厚细土。土壤湿润的不需浇水，土壤干燥时适时灌水，15~20天即可萌发出土。

（三）田间管理

（1）水肥管理。整生育期内适时排灌，保持土壤湿润而畦面不积水。前期不需追肥，茎叶生长盛期每亩适时追施尿素10~15千克。整个生育期禁止浇灌被污染的脏水，禁止施用垃圾、污泥、未经无害处理的人（畜）粪尿、硝态氮（硝酸铵等）和以硝态氮为原料的复（混）肥，采收前30天内禁施任何肥料。

（2）病虫害防治。鱼腥草极少发生病虫害，一般不需药剂防治。

（四）适时采收

采嫩茎叶食用的，4—10月均可采收，可多次采收。以地下茎作产品的，从夏到冬均可根据市场需求陆续采收。采收后洗净，扎把上市。贮运期间，适当浇水保鲜。加工、贮运过程必须保持产品清洁、卫生，确保达到GB 18406.1—2001的要求和国家食品卫生标准。

第四节　无公害食用菌生产

一、培养场地的选择

采用大棚栽培，远离畜禽场、垃圾堆、化工厂和人流多的地方，且交通便利，水源充足且清洁无污染。

菇房的总体结构应有利于食用菌的栽培管理，具有防雨、遮阳、挡风及隔热等基础设施，地面坚实平整，给排水方便，密封性好，又能通风透气，满足食用菌生长发育对通气、光照的要求。

在设计上，应缩短从灭菌锅、锅炉房到接种室的距离，使灭了菌

的菌袋或菌种瓶能直接进入接种室，污染机会较少；菌丝培养室和出菇房的门窗和通气口处装有细纱窗，有效地防止菇蝇、菇蚊等虫源飞入，门窗严密，老鼠钻入为害培养料及子实体的机会减少且在生产前对栽培场所进行全面灭菌、除虫，去除了四周杂物，保持环境干净、整洁。

二、培养料和水的使用

原料来源新鲜、无污染，且使用低毒性残留物质的培养料。如发现原料发霉变质、有虫害，采用生态、物理、生物等方法进行防治。根据食用菌种类配以辅料，采用食用菌生产的辅料有尿素、碳酸氢铵、硫酸铵、磷酸二氢钾、石灰、石膏、碳酸钙等，不添加含有生长调节剂或成分不明的辅料。生产用水包括培养料配制用水和出菇管理用水，主要用自来水、泉水、井水等，水质符合 GB 5749—2006《生活饮用水卫生标准》的要求。

三、栽培管理

（1）菌种生产和选择。菌种生产是按照农业部颁布的行业标准 NY/T 528—2002《食用菌菌种生产技术规程》执行，严把菌种生产质量关。并根据当地的气候特点，选择适宜健壮、优质、抗病的菌种进行栽培。

（2）精细管理。注意原料、菌袋和工具的卫生。栽培室的新旧菌袋分房隔开存放，栽培工具也分开使用，并做到了严格灭菌和消毒，以预防接种感染和各种继发感染。每次采菇后清除栽培料上的菇根、烂菇和地面上掉落的菇体，并及时清理菇房，重新消毒。

（3）科学育菌。科学育菌时预防病虫害最经济有效的手段。对于不同种类的食用菌，要按其对生长发育条件的要求，科学地调控培养室的温度、湿度、光线和 pH 值等，并要适当通风换气，促使菌丝健壮生长，防止出现高温高湿的不利环境。在健壮选择、培养料配比、堆料发酵、接种发菌和出菇管理的各个环节都要严格把关，培育健壮的菌丝体和子实体，增强其抗病能力。

四、病虫害防治

坚持预防为主、综合防治的原则，主要从选用抗病虫品种、物理防治和加强栽培管理等多种途径达到防治目的，农药防治应视为其他防治方法之后的一种补救措施。

1. 农业和物理防治

培养室、栽培室安装防虫纱窗、纱门、防虫网和诱杀灯等设施来预防病虫害发生。室内灭菌主要采用物理方法，如紫外灯和巴氏法灭菌，一般紫外灯照射20~30分钟即可达到杀菌目的，巴氏法则利用蒸汽使室内温度达60℃并维持10小时进行灭菌。接种室和超净工作台等采用紫外灯或电子臭氧发生器进行消毒灭菌。栽培原料、工具盒其他设施用巴氏法消毒灭菌。高温是一种非常有效的消毒方式，在培养料堆制发酵或菇房消毒时，采用此法效果很好，室内或菇床温度应保持在60℃至少2小时，70℃维持5~6小时或80℃维持30~60分钟。

2. 生物防治

生物防治不污染环境、没有残毒、对人体无害。目前，食用菌生物防治以生物的代谢物和提取物杀虫杀菌最为常见，如用180~210毫克/升链霉素防治革兰氏阳性细菌引起的病害，用280~320毫克/升玫瑰链霉素防治红银耳病，用180~220毫克/升金霉素防治细菌性腐烂病，利用农抗120、井冈霉素、多抗霉素等防治绿霉、青霉和黄曲霉等真菌性病害，利用细菌制剂、苏芸金杆菌、阿维菌素来防治螨类、蝇类、蚊类、线虫都可取得很好的效果。

3. 化学防治

化学防治选用符合NY/T 393—2000《绿色食品农药使用标准》的农药药剂，病严格控制使用浓度和用药次数。在出菇期间，不得向菇体直接喷洒任何化学药剂。选择高效、低毒、易分解的化学农药如敌百虫、辛硫酸、克螨特、锐劲持、甲基托布津、甲霜灵等，在没出菇或每批菇采收后用药，并注意应少量、局部使用，防止扩大污染。

空间消毒剂主要使用紫外线消毒和75%的酒精消毒，培养料配

制采用多菌灵、生石灰或植物抑霉剂和植物农药，如中药材紫苏、菊科植物除虫菊、酯类农药、木本油料植物菜籽饼等均可制成植物农药剂型杀虫治螨。

用石灰、硫黄、波尔多液、高锰酸钾、植物制剂和醋等可防治食用菌多种病害，如波尔多液用于床架消毒；石硫合剂可杀介壳虫、虫卵等害虫，常用于菇房消毒；磷化铝、敌敌畏和植物性杀虫剂除虫菊酯、鱼藤精等，对防治菌蝇、菇蝇、菇蚊、蛾类等多种害虫都有显著地效果，病能有效地杀死空间、床面和培养料中的虫害。

五、采收、分级、包装、运销

采后处理必须最大限度地保证产品的新鲜度和营养成分。要在适当的成熟度时开始采收。最好分期分批、无伤采收；采收后首先剔除病虫菇、伤残菇，然后根据菌体大小、形状、色泽和完整度合理分级；分级后迅速见效预冷处理或干燥处理；包装要在低温、清洁的场所进行，根据不同食用菌的特点和市场需求，实行产品分级包装，所有包装与标签必须洁净卫生；进行保鲜防腐处理时，最好采用辐射保鲜，这样既可杀灭菌体内外微生物、昆虫及酶的活力，也不会留下任何有害残留物，如果使用食品防腐剂，也要严格按照国家标准要求操作。包装上市前，应当申请对产品进行质量监督或检验，以获得认证和标识。鲜菇采用冷链运输，防止途中变质。出售时，产品要放置在干燥、干净、空气流通的货架或货柜上，防止在货架期污染变质，病严格在保质期内销售。

六、加工与贮藏

1. 食用菌加工

食用菌加工品主要有干品、罐头、蜜饯等，加工必须执行《中华人民共和国食品卫生法》、NY/T 392—2000《绿色食品添加剂使用标准》和 GB 7096—2003《食用菌卫生标准》。加工场所与环境必须清洁，病远离有毒、有害物质及有异味的场所，加工车间应建筑牢固，为水泥地面，清洁卫生，排水畅通。加工所用的原料要新鲜、匀净、无病变。食用菌加工品在生产加工过程中，要把好制作工艺关，认真按加工工艺操作，除注意环境卫生、加工过程卫生外，在使用各种添加剂、保鲜剂、防腐剂和包装物时，要严格执行 GB 2760—1996《食品添加剂使用卫生标准》、GB 9685—1994《食品容器、包装材料用助剂使用卫生标准》等国家标准。各种食用菌制品要符合 NY/T 749—2003《绿色食品食用菌》等标准，且在保藏、运输过程中严防微生物污染，以确保质量安全。从事加工的工作人员必须身体健康，有良好的卫生习惯，病定期进行身体检查，不允许有传染病的人员上岗。

2. 食用菌贮藏

食用菌的贮藏可采用低温冷藏法、气调贮藏、化学贮藏和辐射贮藏。贮藏库应配备调温保湿设施，贮藏期间要进行严格的环境监控和制品质量检查，以保证食用菌品质的稳定。

七、产品质量安全检验

为了确保食用菌质量安全，首先，在生产基地和加工车间建立食用菌质量安全自检制度，产品自检合格后方可投放市场。其次，自觉接受和配合政府指定的检测机构的检测检验，建立食用菌质量安全追溯制度。

第三章　茶叶栽培技术

第一节　新建茶园及幼龄茶园管理

一、新茶园建设

（一）茶园土地选择与规划

1. 茶园土地选择

（1）海拔。在600～1 200米范围内最好。

（2）地形。平地、缓坡地、坡地（坡度小于25度）均可。

（3）土壤。土壤可耕深度大于60厘米（1尺8寸），土壤pH值4.5～6.0。

（4）规模。大集中，小分散。大面积相对连片集中，栽茶地块自然分布。

2. 茶园规划

（1）茶园地块划分。根据土地分布情况，连片土地5亩左右划一块，茶行长度以50米左右为宜，茶行方向尽量保持一至。

（2）茶园道路网规划。根据茶园基地规模大小合理规划道路网，以方便生产管理和节约土地为出发点，预留干道、支道、步道、环园道。

（3）茶园排蓄灌水系统规划。山区茶园，应以水土保持为中心，建立较完善的排蓄水系统，尽量做到小雨中雨不出园，大雨暴雨不成灾，排蓄兼顾，灌溉方便，减少或避免水土流失，以确保茶树生长具有良好的水分条件。预留开好主沟（纵沟）、支沟（横沟）、隔离沟（与其他地类隔开）。

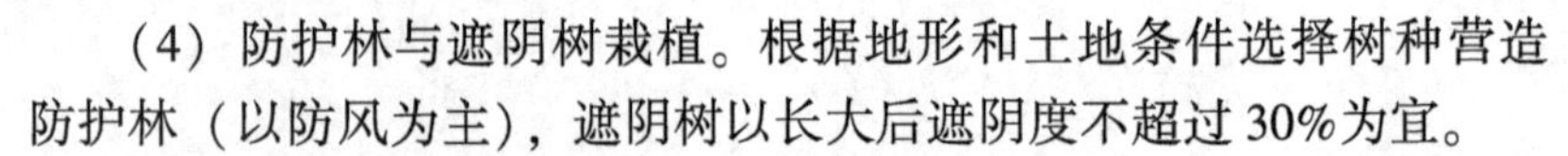

（4）防护林与遮阴树栽植。根据地形和土地条件选择树种营造防护林（以防风为主），遮阴树以长大后遮阴度不超过30%为宜。

（二）茶园土地准备

1. 清理地面，深翻土壤

在深翻前做好地面清理。土壤深翻质量直接关系到以后茶树鲜叶产量和质量。必须坚持深耕改土，以保持水土，保护生态，经济合理用地，节约劳力为基本原则。

（1）平地及缓坡地的开垦。平地东西向开垦；缓坡地（坡度小于15度）横向环山水平开垦，使坡面相对一致；如果坡面不规则，按“大弯随形，小弯取直”的原则开垦。劳动力充足，最好全面深垦；如劳动力欠缺，可采用在茶苗栽植行80厘米（2.5尺）范围内进行深沟撩壕；翻犁过的熟土，可直接挖宽60厘米（1.8尺）的栽植沟。深度均要求达到50厘米（1.5尺）以上。

（2）陡坡地的开垦。在15°以上的陡坡地开辟茶园，为了能有效拦截雨水、蓄水保水、防止水土流失，必须修筑成梯土。梯面宽度大于150厘米（4.5尺），可继续深挖的土层厚度大于50厘米（1.5尺）。修建梯土的要求：梯层等高，环山水平；大弯随势，小弯取直；心土筑埂，表土回沟；外高内低，外埂内沟；梯梯接路，沟沟相通。

2. 平整土地，划线定位

深翻后的土壤，最好经过一段时间自然下沉再栽茶。用条栽方式，大行距以150厘米（4.5尺）左右为宜。平地从最长的一边开始，距土边60厘米（2.0尺）划出第一条栽植线作为基线，再按大行距宽度依次划出其他栽植线。缓坡地要从横坡最宽的地方距土边60厘米（2.0尺）开始按等高划基线，再按大行距宽度依次划出其他栽植线环山而过，遇陡断行，遇缓加行。梯地应距梯边60厘米（2.0尺）划基线，由外向里定线，最后一行离梯壁或隔离沟60厘米（2.0尺），遇宽加行，遇窄断行。有种茶谣：

一

平地开沟东西向，方向一致才像样，

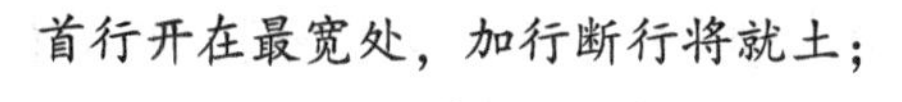

首行开在最宽处，加行断行将就土；

二

坡地开沟环山走，外高内低水平有，

保水保土又保肥，管好茶园人不累；

三

台土梯土要注意，坎边壁边留距离，

边距留出二尺宽，管茶采茶能到边；

四

大行开厢四尺五，种植沟宽二尺五，

开沟深挖一尺五，打碎泥块成细土。

3. 挖种植沟，施足底肥

翻犁后的熟土按划好的种植线挖沟：宽 60 厘米（1.8 尺）、深 50 厘米，表土取出放在沟的一边，心土取出放在放沟的另一边。亩施农家肥（堆肥、圈肥，沼渣等）2 000 千克以上，或施普钙 100 千克，用心土覆盖；如不施底肥，先把有肥力的表土回沟，再用心土覆盖到距沟口 10 厘米（3 寸）处，整细土块。

（三）茶苗移栽

1. 茶苗移栽时期

茶苗移栽的最适宜时期是茶苗地上部处于休眠时或雨季来临前，移栽容易成活，以秋末冬初（10 月中旬至 11 月下旬）和早春（2 月上旬至 3 月上旬）为好，移栽时一定要考虑当时的气候条件，土壤湿度和灌溉水源。

2. 栽植密度

大行为 140~150 厘米；小行为 40~50 厘米；采用双行双株种植方式，每亩种植 4 500 株左右。

3. 茶苗移栽技术

移栽质量关系到茶苗成活率、成园早晚和产量的形成，必须高度重视，精心栽植。栽植前先分苗（将大苗小苗分开并用浓黄泥浆为茶苗根系上好浆，分别在不同土块栽植）；栽植时一手轻提茶苗，使茶苗根系处于自然状态，另一手用细土覆盖苗根，覆盖好后，用手将茶苗轻轻向上一提，使茶苗根系，自然舒展，用力将泥土压紧，再盖土，再压紧，层层压实，使苗根与土壤紧密接触，不能上紧下松；浇足定根水，待水浸下，再盖土到比茶苗原入土痕迹高 1 寸左右，用脚踩紧，在茶行两边培土使中间成小沟形，以便下次淋水和接纳雨水。冬季保温防寒、夏季降温抗旱，减少土壤水份蒸发，有利茶苗成活和保苗齐。

茶苗移栽后，必须强化管理保证成活。成活率越高，成园越快；缺株断行少，园相好，产量和效益也就越高。移栽后，当年茶苗进行恢复和适应性生长，抗逆性较低，保苗主要抓好浇水防寒抗旱（使根部附近的土壤保持湿润状态）、遮阳防晒、苗脚铺草覆盖三大措施。搞好除草、浅耕培土、适时追肥等项工作，才能确保茶苗成活，长势良好。

一

移栽之前要分苗，大苗小苗须分好，
苗根上好黄泥浆，分开栽植要做到；

二

打窝深度三寸三，栽苗一手提着杆，
茶苗须根要伸展，三壅两按脚踩严；

三

栽后再覆一层土，履土厚度一寸五，
冬季能耐低温度，雨水过后新芽吐；

四

立冬之前要定剪，栽后就剪手不软，
剪口离地五六寸，促生侧枝三五根。

二、幼龄茶园管理

（一）抗旱保苗

茶苗移栽后要保持根部附近土壤湿润，连续 5~7 天不下雨，应浇水抗旱。平时观察土壤干湿情况及时浇水。

（二）及时补苗

新建茶园栽植的是无性系茶苗，根系分布浅，抗旱能力较差，遇到高温干旱天气容易失水枯死，造成缺株断行，因此新建茶园一般均有不同程度的缺苗，必须抓紧时间在建园一年内将缺苗补齐。最好采用同龄的茶苗补植，补植后要浇透水。

（三）幼龄茶园土壤管理

1. 土壤耕作技术

新建茶园行间空隙大，易滋生杂草，与茶苗争水肥，妨碍茶树生长，必须经常浅耕松土除草。

（1）时间和次数。每年至少4次，第一次3月下旬，第二次4月下旬，第三次5月下旬至6月上旬，第四次7月中旬至8月下旬。也可根据茶园杂草生长情况及时进行，除早除小。

（2）技术要求。新定植茶园小行内及茶苗脚往大行中心方向26厘米（8寸）内手工拔草，一手按苗一手拔草，不伤茶根；大行中间用锄除草松土，耕锄深度10厘米（3寸）左右。第二年，茶行内及两侧往大行中心26厘米（8寸）内，耕锄深度不超过3厘米（1寸），大行中间10厘米（3寸）左右。三年以上，茶行两侧33厘米（1尺）内，耕锄深度不超过5厘米（1.5寸），大行中间15厘米（5寸）左右。每次除草松土后在茶苗脚培土5厘米（1.5寸）厚。

一

小行杂草用手除，大行除草才动锄，
铲断草根草不生，壅好茶脚才放心；

二

三月铲锄一寸五，为了除草和松土，
五月中耕二寸三，除草松土又抗旱；

三

八月中耕要四寸，除草松土最长根，
十月大行挖五寸，施好基肥茶茂盛；

四

一年要动四次锄，离开茶脚牢记住，

茶树脚外五寸处，才敢放心去松土。

2. 茶园铺草技术

(1) 茶园铺草的好处。茶园铺草是幼龄茶园土壤管理的重要技术措施之一。铺草的主要好处如下。

第一，防止土壤冲刷、保蓄土壤水分。铺草可以避免雨点直接打击土表、减缓地表径流速度，促使雨水向土层深处渗透，既可减少茶园水土流失，又可延长水分在地表的滞留时间，增加土层蓄水量，起到保水抗旱作用。

第二，增加土壤肥力。铺草可以增加土壤有机质含量，有利于土壤微生物繁殖，有利于土壤熟化，增加土壤营养元素，提高土壤肥力。

第三，抑制杂草滋生。茶园铺草主要是针对幼龄茶园、树冠幅度小和生长势较弱的茶园。茶行间铺草使茶园杂草见不到充足的阳光，杂草茎叶黄化枯死，生长受到抑制，刚萌发的杂草种子也无法继续生长，达到以草治草的目的。

第四，稳定土壤温度。茶园铺草后夏季能使土壤不受烈日照射，土温较低，稳定了土壤的热变化，土壤水分蒸发量减少，具有抗旱保湿作用。冬天可减少受冻土层厚度，起到保暖作用防止茶根受到冻害。

第五，茶园铺草可以促进茶苗生长。茶园行间铺草后，土壤温、湿度适宜，促进了土壤养分的转化和积累，有利于茶树新梢生长。

(2) 茶园铺草的草源。可用于茶园铺盖的草源很多，主要有山草、绿肥、稻草、麦秆、豆桔、玉米秆等。但最好以茶园中的山草和绿肥为好，因为它们本身没有受到化学肥料和化学农药等的污染。草料除带刺的、坚硬枝条不宜使用外，山杂草的嫩茎叶均可利用。山草的割铺最好选择在草籽成熟之前进行，并适当作暴晒、堆腐和消毒处理，以杀死病菌、害虫及草籽等。

(3) 茶园铺草时间与方法。茶园铺草的主要作用是减轻雨水、热量对茶园土壤的直接作用，改善土壤内部的水、肥、气、热状况；同时抑制杂草生长。因此，铺草时间要以铺草的目的来确定，一般选择在茶园除草松土及施肥后、伏旱出现之前、杂草生长旺盛季节前期

和雨季来临之前较为适宜。幼龄茶园可选择在5—6月或12月至翌年1月的冬闲时间铺草。新建茶园，无论是在秋冬10—12月或1—3月移栽，移栽结束后应立即铺草。

茶园铺草厚15厘米（5寸）左右，以看不见地面为宜，即每亩每年铺草不少于2 000千克。草源充足地区茶园尽量多铺草；如果草源不足，应优先铺盖幼龄茶园和易受秋旱茶园；先在茶苗脚附近铺，坡地茶园要沿着茶行的等高线横铺，草头压草尾，并用土块压草，防止大风或暴雨带走草料。新植茶园要紧靠茶苗根部铺草，减少根际水分散失，提高茶树种植成活率。

（四）幼龄茶园施肥管理

加强肥水管理才能促进茶树健壮生长。茶树幼龄期以培养植株形成强壮的骨架枝、庞大的根系和达到快速成园为主要目的进行施肥，施肥以氮、磷、钾相配合。

1. 追肥

（1）肥料和用量。

肥料：由于幼龄茶树根系不发达，对肥料的吸收利用率不高，追肥宜用沼液或腐熟的人畜粪尿浠释后薄施勤施，20~30天追肥一次，直至茶树地上部停止生长时为止；速效化肥提苗。

用量：1~2年生茶园的茶苗小、根系分布范围窄，用肥量较少，可根据茶苗长势逐渐增加。1~2年生茶园每亩每年用尿素9~18千克；三年生用尿素25千克。新定植茶园适当增加磷钾比重：定植当年茶园N：P：K为1：1：1. 二年生茶园N：P：K为2：1.5：1.5. 3至4年生茶园N：P：K为2：1：1。

（2）时间和方法。

时间：根施至少年施追肥3次，2至3年生茶园年施肥3~5次。第一次在3月中旬，施入全年用量的60%；第二次在5月下旬至6月上旬，施入全年用量的20%。第三次在7月下旬至8月上旬，施入全年用量的20%。

方法：幼龄茶园追肥要做到少量多次，薄肥勤施。新定植茶园第一年初夏，可进行第一次追肥，每亩用沼液或腐熟人畜粪尿150千克对水稀释后（浓度10%）浇施、尿素3千克对水稀释后（浓度0.2%）浇施，以10％沼液或腐熟人畜粪尿穴施最好，及时培土和铺草覆盖。当年夏、秋季节还应再施追肥（或根外追肥）2~3次。第二年开始每年分春、夏、秋三季施追肥3~5次。幼龄期茶园的追肥用量应随树龄增长逐年增加。幼龄茶园开沟施肥时，施肥沟距离茶苗脚距离：1~2年生为10厘米（3寸）左右，3~4年生为12厘米（4寸）左右；追肥深度5~10厘米（1.5~3寸）。4年生以上在树冠外缘垂直于地面处开沟施，沟深10~15厘米（3~5寸），施后立即盖土。追肥方法宜在土壤含水量高时开沟均匀撒施或挖穴施用，及时盖土，干旱时对水薄施，梯级茶园宜以有机肥为主，配合使用氮、磷、钾。

2. 基肥

从第三年开始施第一次，以后每两年施一次。

（1）肥料和用量。

肥料：主要用沼渣、圈肥、油饼等有机肥和复合肥等长效无机肥。

用量：三龄以上茶园亩施沼渣或圈肥1 500千克；或油饼150千克；或普钙50千克；或复合肥50千克。

（2）时间和方法。

时间：10中下旬至11月上中旬。

方法：平地茶园在茶苗脚向大行方向26厘米（8寸）处、坡地茶园在茶行上方26厘米（8寸）处开沟施入，沟深20~26厘米（6~8寸），宽20厘米（6寸），施后盖土。

一

施肥须用清粪水，长完一季再施肥，

施前杂草要除尽，薄肥勤施记在心；

二

幼苗施肥要细心，一桶清水一瓢粪，

相隔十天施一次，三月以后粪递增；

三

春夏秋肥沼液好，冬用沼渣效果佳，

安全环保最重要，有机品质人人夸。

3. 茶园种植绿肥作物

（1）绿肥品种选择。

夏季绿肥：花生、黄豆、绿豆等豆科作物或绿肥。

冬季绿肥：蚕豆、豌豆、肥田萝卜等。

（2）合理密植。茶园间作绿肥宜采用绿肥与茶苗之间保持距离大于40厘米（1.3尺）的方法，在大行中间适当密植，尽量减少绿肥与茶树之间的矛盾。条栽茶园夏季绿肥宜采用“1，2，3对应3，2，1”的间作法，即一年生茶园间作3行绿肥，二年生茶园间作2行，三年生茶园间作1行，三年生以后茶园不再种绿肥；冬季，由于茶树与绿肥之间矛盾较少，可适当密植。

（3）绿肥作物在茶园中的应用。

①直接翻埋。

②割青覆盖。

4. 农家肥的选用与无害化处理

（1）农家肥的选择。我国农村有“地靠粪养，苗靠粪长”的谚语。农家肥的合理利用，有利于改良茶园土壤结构，培肥地力，促进茶苗健壮生长，提高茶叶产量和改善茶叶品质，常用的农家肥有：沼渣沼液、人畜禽粪尿、堆肥、圈肥、饼肥。

（2）农家肥的无害化处理。

①通过沼气池处理。

②堆积腐熟。

③粪池腐熟。

5. 茶园农家肥施用方法

（1）茶园基肥。施基肥时必须做到“施净、施早、施深、施足、施好”。

①施净：茶园施用的各种农家肥其卫生标准、重金属含量和农药残留必须达到相关标准要求。

②施早：茶园基肥要早施。农家肥属缓效肥，必须适当早施，使其在土壤中早释放。早施基肥可增加茶树对肥料养分的吸收与积累，

提高肥料利用率，有利于茶树的抗寒保暖，对茶树新梢的形成和萌发，提高茶叶产量和质量都具有重要作用。一般选择在秋茶结束后立即施肥效果较好。

③施深：茶园施基肥一般要求沟施。沟深要求深15~26厘米（5~8寸），施后盖土，有利于茶树根系对养分的充分吸收，提高肥效。

④施足：茶园基肥的施用量要大，农家肥的营养元素含量较低，只有足够数量的农家肥才能满足茶树生长对养分的需求，也只有足够数量的农家肥才能对茶园土壤起到改良作用。每年每亩堆肥的施用量一般不少于1 500千克；若施饼肥，施用量一般不少于200千克。

⑤施好：即要选择含氮量高、营养元素丰富的农家肥施用。

（2）追肥。速效性农家肥可选作茶园的追肥使用。如沼液或经过充分腐熟和无害化处理的人畜禽粪尿等。追肥的施用时期一般在春茶前、夏茶前和秋茶前。春肥一般在3月上旬，夏肥一般在5月中下旬施用，秋肥要避开“伏旱”施用。追肥尽量沟施，深度10~15厘米（3~5寸）即可。

（五）幼龄茶园定型修剪

茶树合理修剪是调节茶树生理机能，培养与复壮树势，获取高产优质茶叶的重要技术措施。必须根据茶树的生物学年龄及不同的发育阶段采用不同的修剪方法，同时应配合如中耕、深翻、施肥等农业措施，才能允分发挥修剪的作用，达到预期的效果。幼龄茶树定型修剪方法如下。

幼龄茶树的修剪

幼龄茶树的修剪简称定剪，定剪的主要目的是促进幼龄茶树分枝，控制高度，加速横向扩张，使分枝结构合理，主干枝粗壮，为培养优质高产树冠奠定坚实基础。定剪一般为3~4次，春夏秋季均可进行，早春3月以春茶茶芽未萌发之前为最好。

第一次定型修剪：在有75%以上茶苗高度达到25厘米（8寸）以上，主茎粗3毫米以上时进行。离地面15~20厘米（5~6寸）处水平剪去主枝，不剪侧枝。定剪可结合茶苗移栽时进行。

第二、三、四次定型修剪：要求每次在前一次定型修剪的剪口上

提高10~15厘米（3~5寸）左右剪去上部枝条或以采代剪。经定型修剪后，茶树高达到50厘米（1.5尺）左右，此时为打顶养蓬采摘阶段，这阶段采用“以养为主、以采为辅、采中留边、采高留低、采养结合”的采养方法，切忌重采、强采。

定剪必须三次整，
每剪提高三五寸，
枝条长好才能剪，
骨干枝壮侧枝盛。

（六）幼龄茶园病虫害防治

茶园病虫害必须做到适时防治。

1. 主要虫害及防治方法

（1）茶假眼小绿叶蝉、茶蚜。防治方法除及时分批采摘外，农药可选用：10%吡虫啉可湿性粉剂2 000倍液、2.5%联苯菊酯乳油3 000倍液。施用方式以蓬面喷雾为主。

（2）茶橙瘿螨。防治农药可选用：73%克螨特乳油2 000倍液、50%螨代治乳油2 000倍液。施用方式以蓬面喷雾为主。在秋茶结束后，可喷施0.5波美度的石硫合剂或用45%晶体石硫合剂300~400倍液喷施。

（3）茶丽纹象甲、茶粗腿象甲。防治方法除在7~8月耕锄浅翻或秋末结合施基肥进行清园及行间深翻防治外。防治农药可选用：2.5%联苯菊酯乳油1 500倍液，98%巴丹可湿性粉剂750~1 000倍液，施用方式采用蓬面喷雾为宜。

2. 主要病害及防治方法

（1）茶饼病。防治农药可选用：75%百菌清可湿性粉剂600~800倍液、10%多抗霉素可湿性粉剂600~1 000倍液。

（2）茶白星病。防治农药可选用：75%百菌清可湿性粉剂800倍液、70%甲基托布津可湿性粉剂1 000倍液、50%苯菌灵可湿性粉剂1 000~1 500倍液等进行防治。

茶园病虫害最好的防治方式是农业防治，通过加强茶园管理增强茶树树势，改善茶园生态环境。

（七）幼龄茶园灾害治理

1. 茶树既怕旱又怕涝

茶树怕旱：当体内水分不足时，原生质透性加大，细胞内无机盐等电解质外渗；同时光合作用受阻，呼吸作用加强，营养物质大量消耗，而呼吸作用释放出的热量又导致体温显著升高，从而加重热害；且由于旱后生理缺水，引起体内水分重新分配，代谢紊乱，使茶树体温无法调节；加上高温强光下，叶绿素与酶的活性易遭到破坏；蛋白质会凝固，叶组织彻底被破坏，致使嫩叶灼伤、成叶泛红。

茶树怕涝：土壤水分过多，尤其是地下水位高时，土壤中水、肥、气、热平衡破坏，使茶树正常的生命过程受到影响。它破坏了土壤三相比例，导致氧气供应不足，削弱了根的正常呼吸和吸收能力，轻者影响根的生长发育，重者窒息死亡；且由于土壤过湿，通气不良，土壤下层呈嫌气反应，增加了土壤中还原性物质，如硫化氢、低铁、低锰等，从而直接给根带来毒害；加上嫌气性细菌，尤其是腐生细菌的活跃，导致了根部的腐烂。此外，在渍水条件下，土壤中活性铝的含量趋于消失，这样对菌根营养的茶树来说，也极为不利。因此，茶树是既怕旱也怕涝。

2. 茶树旱热害的症状及预防

我县夏、秋季节，一般多有伏旱。茶树在高温、干旱的袭击下，如果持续 8~10 天，即会出现旱热害症状出现对夹叶；继而顶部幼叶开始萎蔫，叶片泛红，出现焦斑、枯焦、脱落；同时茎下部的成叶也变为黄绿色、淡红、干脆，最后脱落。

叶片受害是从叶缘到支脉，由支脉到主脉，由顶端到基部，叶色由深绿初转淡绿，再转枯绿。茶苗遭受灼伤，一般是自上部向下逐渐死亡，当根部还活着时，遇降雨或灌溉又能从根茎处抽发新芽。在通常情况下，旱害导致热害，热害加剧旱害，两者互为影响。其预防措施如下。

（1）选用抗旱性强的良种。这是预防旱热害的根本措施。从品种上看，凡栅状组织细胞层数多、叶片角质层较厚、叶脉较密、叶柄短、叶色深绿的；以及小叶种一般抗旱性强。

（2）及时耕锄、施肥。在旱情前进行，可以减轻土壤板结，减少表土水分蒸发，促进地上部与地下部的生长，培养健壮树势，以利于提高茶树抗逆能力。尤其在土壤质地差、天气干旱的情况下显得更重要。

（3）铺草覆盖。借以降低地温、保持土壤潮湿、蓄水、抑制杂草滋生。时间上宜在旱季到来之前，雨后结合中耕进行。对于幼龄茶园，亦可选择适宜的间作物进行间作抗旱保苗。

（4）灌溉保苗。这是最直接最有效的抗旱热害的措施，但要结合具体条件并注意灌溉技术。

3. 茶树湿害的症状及预防

初期表现芽叶生长缓慢，大量茶园土壤湿害使茶树生长不良。受害重时，园相上多表现缺株、缺丛严重，树势参差不齐，叶子发黄，地上部分枝少，芽叶稀，生长缓慢或停止；地下部吸收根少，侧根不开展，根层浅或水平生长，主根脱皮、枯死、腐烂和侧根发黑。涝害茶园，一般 10 天后嫩叶开始失去光泽，叶片发黄，生长停止；20 天后嫩叶脱落，成叶萎缩，40~60 天后成叶脱落、枯死。

排除湿害的根本途径是排水，根据不同湿害类型的茶园，采取不同的排水措施。对于因隔层造成的湿害，首先要进行土壤深翻，打破隔层；对于低洼积水，要选择合适的位置，开排水沟或加深原有的排水沟，排除积水；对于其他湿害，在摸清土壤水流的来路后，选择合适的位置进行排水，降低地下水位，使积水排除。而处在水塘、水库下方的茶园，应完善排水沟系统，在交接处开设深的横截沟，切断迳流与渗水。在排除积水的基础上，对受湿害的茶树进行树冠改造和根系复壮。

4. 茶树冻害症状及预防

茶树受冻有轻有重，以叶片最敏感，其次为茶芽。受冻轻时：树冠表面叶片的尖端和边缘变为黄褐色或红色。如低温时间不长，天气好转，叶色尚可复原；受冻较重，时间较长时，叶绿素遭受破坏，花青素相对增加，叶片全部变成赭石色，顶芽和上部腋芽变暗褐色，叶片呈现水渍状，淡绿无光泽，如天气放晴，水分蒸发，叶片卷缩干

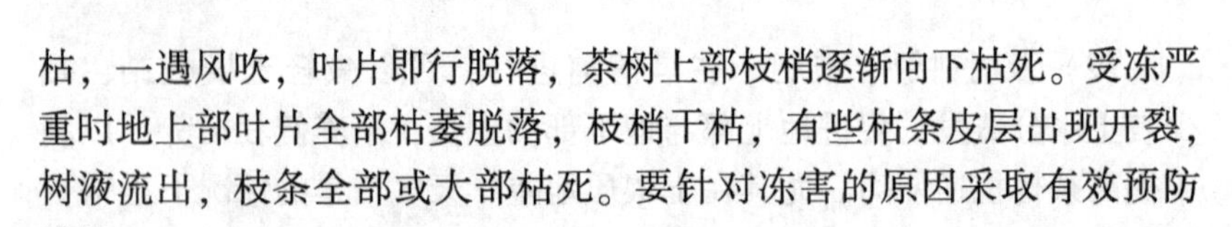

枯，一遇风吹，叶片即行脱落，茶树上部枝梢逐渐向下枯死。受冻严重时地上部叶片全部枯萎脱落，枝梢干枯，有些枯条皮层出现开裂，树液流出，枝条全部或大部枯死。要针对冻害的原因采取有效预防措施。

（1）有利环境的利用。种植前要避免选在易冻地：如低洼、风口、海拔过高的高山区建园。建园时，要营造防风林，以便减弱风速和改善小气候。

（2）农业技术措施的应用。采取农业措施，提高茶树的抗寒能力。如选用抗寒性强的品种、适时定植、合理密植、合理修剪、增施磷钾肥、培养健壮的树势、适时封园、及时防治病虫害等。

（3）物理方法的采用。采用多种物理方法，人工控制小气候。如建立风障、覆盖、秋季壅根培土、增施有机肥料、喷灌，提高土壤湿度等。

三、茶树栽培基础知识与技术问答

1. 怎样才算是高标准、高质量的茶园

茶树是多年生作物，其经济价值年限长。建立新茶园是茶叶生产的基础，其质量好坏对成园快慢和成园后能否高产、稳产、优质、高效益关系密切，所以要用“百年大计”的要求来抓建园质量，做到以“土”为基础，高标推、严要求。其具体要求如下。

（1）茶园集中成片，生产实现区域化充分利用当地的自然资源，提高劳动生产率，提高生产效益。

（2）坡地、山地建园梯土化。变“三跑”园为“三保”园，做到茶园水倾斜，外有埂内有沟，横沟缓路，防止水土流失。

（3）土壤深耕底肥化。创造好的立地条件，充分供应茶树养分需要，使其根深本固、枝繁叶茂。要坚持开深沟施好底肥。

（4）茶树良种化，种植规格化。充分利用现有良种，坚持使用良种无性系茶苗，通过合理密植，使茶树个体生育，群体发育和生态环境三者得以协调。推广双行单株和单行双株两种栽植方式：双行单株大行距 150 厘米（4.5 尺）左右、小行距 35～40 厘米（1.1～1.3

尺)，穴距30厘米（9寸)，栽单株时两小行茶苗不相对，错开栽植；单行双株大行距150厘米（4.5尺）左右，栽植时两株苗相距5厘米（1.5寸）。每亩栽植茶苗3 000株。

（5）环境园林绿肥化。这样可适应茶树喜荫、喜湿、需肥的要求。做好绿肥种植工作。

（6）适应水利机械化。做到山、水、园、林、路、沟、坑、综合布局，统筹安排，逐步实应机械化的要求。

概括地说，要求新茶园达到：集中成片、合理布局；缓路横沟、纵横有序；等高梯层、保持水土；深翻改土、施足底肥；合理密植、良种壮苗；园边造林、路旁植树；以适应今后茶区园林化、茶树良种化、茶园水利化、生产机械化和栽培科学化、现代化的生产要求。

2. 茶园为什么要提倡深耕底肥化

茶树为叶用作物，喜肥，地上部生长状况与地下部根系发育状况密切相关。根系只有生长在良好的立地条件下，才能扎根深、根量多；从土壤中吸收水、肥数量大，地上部才能生长旺盛，枝繁叶茂。因此，土是茶园的基础。各地丰产栽培经验得出：每亩产干茶200千克以上的丰产茶园，要求土壤有效土层深60厘米（1.8尺）以上；含有机质2%~3%。

茶苗定植前做到土壤深耕底肥化，是建设高标准茶园的必要条件之一。指茶苗定植前在全面深垦的基础上进一步翻松、整细、耙平土壤，并向种植沟内施入一定数量的有机肥做底肥；沼渣、青枝绿叶、土杂肥、圈肥、粪肥均可，每亩不少于2 000千克或用饼肥200千克；再拌上磷肥50千克，注意土、肥拌匀，然后盖上20厘米厚的土再进行定植。这样既加深了土层，直接为茶树根系扩展创造了良好的条件，又能促使土壤一系列的理化变化，提高土壤蓄水保肥透气能力，为茶树生长提供良好的水、肥、气、热条件；对快速成园、早投产、夺高产；对茶树整个生长发育都具有特别重要的意义。

3. 耕锄的种类及其各自的作用怎样

茶园耕锄由于目的的不同，可分为浅耕、深耕和深翻改土3种。凡土壤耕翻深度小于10厘米（3寸）为浅耕：其主要作用是铲除杂草，疏松表层土壤，改善土壤通气性，减少土壤水份蒸气，以利茶树生长。深耕为耕翻深度大于15厘米（5寸）：其作用为改善深层土壤的通透性，提高上壤通气、保水、蓄水力，促进微生物活动，减少虫害，有利土壤熟化。深翻改土是深耕的一种形式，是指种植前或种植后茶园进行大行间深翻50厘米（1.5尺）左右，重施有机肥，以熟化土壤，加深土层厚度，使土壤结构良好，提高肥力，为茶树根系扩大营养吸收面创造良好的条件。

4. 根外追肥应掌握的技术要点与注意事项有哪些

茶树根外追肥（叶面喷肥）是一种花钱少、收效快的施肥法。尤其是在根部追肥不足、天气干旱的条件下效果更为显著，目前茶区已广为应用。其具体做法如下。

（1）肥料的选择。有硫酸胺、尿素、过磷酸钙、硫酸钾等。其中以喷洒尿素水溶液为好，它含氮高、肥性温和、不易“烧叶”。

（2）喷肥时期。以茶树新梢伸育程度为依据，一般在第一叶初展时进行喷施，选早、晚或阴天进行。

（3）肥料浓度。尿素0.2%~0.5%，硫酸铵0.5%~1%，过磷酸钙0.5%~1%，硫酸钾0.5%。掌握原则：春季气温较低，日光温和，肥料浓度可稍偏高些，夏季反之。

（4）注意事项。肥料一定要充分溶解；叶面、叶背均应喷湿；如果配合杀虫剂或杀菌剂使用，必须酸性肥配合酸性药，碱性肥配合碱性药，以免破坏肥效和药效。要注意不要用根外施肥取代根部施肥，应互相配合促进肥效。

5. 茶园间作要注意什么事项

幼龄茶园行间空隙很大，进行合理间作，对以短养长加收人；抑制杂草、解决肥源、提高土壤肥力与保持水上、改善茶园小气候条件等，都有一定的积极作用。但如果间作不合理，间作物与茶苗就会发生矛盾，引起争水、争肥、争光，并且妨碍管理，导致病虫害的发生，致使茶苗成缰苗和衰弱苗，甚至死亡。因此，茶园间作要注意以下事项。

第一，间作物不能与茶树有严重的争水、争肥矛盾，要做到以茶

为主。

第二，间作物能改良土壤，提高肥力，在土壤中能积累较多的养分并对形成土壤团粒结构有利，有养地好处。

第三，间作物能抑制茶园杂草生长，秆矮作物生育期短、茎叶不攀缠茶树，遮阴适度，适宜间作，最好是选豆科作物或绿肥。

第四，间作物不能与茶树有共同的病虫害。

6. 丰产茶园的树冠该具有怎样的标准

（1）高度适中。根据当前肥培条件，树高一般以 1 米以下为宜，小叶种或高寒瘠瘦地以 70~80 厘米为宜。

（2）树冠宽广、覆盖度大。一般要求高幅比 1：1.5，树冠覆盖度为 85%~90%的水平，树冠面修剪成平面或略呈弧形。

（3）分枝结构良好。要求分枝层次多而清楚，骨干枝粗壮且分布均匀，采面生产枝健壮、茂密。一般在采摘层下面强壮分枝要有 5~6 层，或者更多，每平方米小桩数达到 1 800~2 000 个。

（4）要有适当的绿叶层和叶面积指数。一般中、小叶种或枝叶稀疏的品种，绿叶层要有 20~25 厘米（6~7 寸）厚度，叶面积指数 3~4 为宜。

第二节　茶叶无性系育苗及栽培管理技术

一、布局与选育

（一）茶树品种定位

为确保工程建设质量，要充分认识茶树品种定位的重要性，通过组织有关专家、部门、企业等人员，召开本乡镇的茶树品种选育与布局专题会，切实抓好品种定位、选育工作，选择适宜绿茶、名优绿茶为主的品种发展。

（二）茶树品种区域布局

为满足茶叶市场消费发展的需要，解决在茶叶发展中品种单一和无系发展的局面，选择适宜的早、中、晚生无性系茶树良种搭配发展。对于“倒春寒”发生相对比较严重的区域，应慎重选择早生无性系茶树品种。

（三）品种选育与鉴定

为抓好良种选育、品种纯度鉴定工作，要组织有关专家对选择的茶树品种进行选育、品种纯度鉴定，制定茶苗出圃验收标准，杜绝使用病苗、弱苗、杂苗和不符合标准的茶苗。

（四）措施办法

以政府引导，茶叶职能部门推荐繁育品种和提供技术服务指导，采取引资、招投标和农民自愿相结合的方式，宏观控制苗木价格，保护双方的利益，确保本地的茶苗质量和茶苗供应。

二、茶园蓄枝技术

（一）茶树母本原的选择

1. 原种母本园的选择

建立茶树母本园，以选择 10 年内的青壮年茶园进行培植为佳。对不断再繁殖用的无性系原种母本良种园，要求品种纯度达到 100%。

2. 良种母本原的选择

以无性系投产良种茶园作为母本园枝条培植，品种纯度要求不低于 98%。

（二）茶树母本原培植技术

1. 茶树母本原修剪程度

普遍采用春茶后修剪供秋初冬季扦插，一般采用轻修剪（剪去树冠上部 2~5 厘米）或深修剪（剪去树冠上部 10~15 厘米）。

2. 合理施肥

施肥以基肥为主，磷钾肥配合施用的办法。春茶后修剪的母本园，剪后增施一次追肥，蓄枝间不再追肥。

3. 病虫防治

加强病的预测预报，及时防治。

4. 分期摘顶

在修剪前15~20天，对符合剪枝标准要求的枝条进行摘顶（即采摘一芽一叶或对夹叶），加快茎的木质化进度。

5. 枝条质量标准

一般在长35厘米以内，茎粗0.3厘米以上，枝干呈红棕色或半红棕色，木质化或半木质化，叶呈成熟叶，腋芽萌动至一芽一叶初展，无严重病病虫害。

三、短穗扦插育苗技术

（一）基本要求

1. 苗床选择

选择土壤pH值4.5~5.5，土壤肥沃、水源充足、排水良好、交通方便、平缓坡地带，向阳、背风的地块。

2. 苗床整理

初垦土壤深耕33~35厘米，复垦在20厘米耕层内精细整地，苗床宽1.2米高5~10厘米，床沟宽40厘米左右，苗床最上层盖5~10厘米生土，用水喷洒，木板拍平，作畦方向以东西方向作畦。

3. 搭遮阴棚

选用70%或505的遮阳网，棚高1.6~2米，隔2~3米栽一根桩子，搭好遮阳网。

（二）育苗技术要点

1. 剪短穗

剪短穗以母穗一叶，具生长芽一个，穗长2.7~3.3厘米，上下剪口呈45度倾斜，与叶片倾斜口相同，上口离芽基0.2~0.3厘米，剪时勿伤芽。

2. 短穗扦插

以行距8~15厘米，株距1.5~2.7厘米，用速效生根灵处理插穗后成45度或垂直插入畦内。深度以插到叶柄基部为宜，插完一行，随着用手压紧。扦插前2~3小时浇透水一次，插完2~3小时后淋水。及时进行地膜覆盖。

（三）苗圃管理

1. 遮阴管理

插穗愈合初生根为第一阶段，遮光度为80%，生根到地上张出达一芽2~3叶时为第二阶段，遮光度为75%~80%，苗生长到一芽三叶至第二轮生长达一芽二叶时为第三阶段，遮光度为50%~70%。茶苗第二轮绝大部分生长到一芽二叶后，选择阴天揭去遮阴物。

2. 地膜覆盖

具有保温报湿效应和防止冻害寒害，并具有一定的遮光作用。地膜内最适温度为20~30℃，相对湿度在70%以上。膜内温度达到35℃以上，应及时通风排气、降到适温。

3. 水分管理

扦插前2~3小时浇透水一次，插完2~3小时淋透水。第一阶段苗圃土壤相对含水量80%~90%，第二、三阶段，苗圃土壤含水量70%~80%。苗圃缺水时及时淋水补足，揭棚后水肥合理配合淋施，雨后积水应及时排水。

4. 追肥和防虫

可以同时进行，施肥浓度应掌握“先低后高”，年追肥8~10次，分别为茶生长第一轮休止后，每隔10~15天追施一次，可采用肥料匀撒施在苗圃内，及时淋水让肥料溶化。

（四）茶苗出圃要求

一般10月以后开始出苗，一级茶苗出圃不低于30厘米高，根茎粗不低于0.3厘米，二级苗不低于20厘米高，根茎粗不低于0.2厘米，根系发育正常，主茎大部木质化，根、芽、叶健壮，无明显病虫害症状，起苗前必须先浇透水，作到多带土，少伤根，枝叶每100根扎成一捆，路途较远的地区用60%~70%的黄泥浆浸根，包装运输。

（五）引种引苗基本要求

对引种苗必须严格作好品种纯度，病弱苗、杂苗的把关工作，尤其要重视对茶苗的病虫害检疫（根腐病、根结线虫病等）。

四、茶苗移栽技术

（一）土地选择与规划

选择 pH 值 4.5～5.5 的微酸性土壤，土壤厚度在 50 厘米以上，坡度低于 25 度以下。水、电、路方便，符合无公害茶叶生产要求，要求采取集中连片，达到人均 1 亩以上的规模茶园。茶园规划主干线，支干线和步道，一般划定 10 亩为一个茶园区块，并建立一个蓄水池，坡地应以等高线种植，严禁顺坡种植。

（二）土地开垦

土壤初垦最好在夏秋高温少雨时进行，让其自然熟化，初垦土壤深度一般在 45～50 厘米，熟土（如水田）要求深度在 50～60 厘米，土壤复垦整碎土块，按 60 厘米宽和 50 厘米深进行开沟，视情况均匀施入 150～200 千克菜油饼、磷肥 50～100 千克，或腐熟圈肥 500～1 000 千克，应及时覆盖土壤 8～10 厘米。

（三）种植规模与茶苗移栽

主要推行“双行双株”种植方式。中小叶种种植规格以大行距 150 厘米×小行距 40 厘米×40 厘米，按照普定县的气候，劳动力等情况，一般都选择在 10—12 月或 2—3 月进行移栽。最佳时间选择在雨后阴天进行，对晴天少雨气候最好在早晚进行移栽。移栽时，一手扶茶苗，一手覆盖土壤，茶苗应栽正，待不露须根时，轻提茶苗，使根系舒展，紧贴土壤，踩紧土壤至约超过原短穗茎处；然后浇足定根水，及时对茶苗离地 15～20 厘米处进行第一次定行修剪。若使用不达标茶苗茶苗移栽（最好不使用），最好在第二年春茶间再进行定型修剪。

（四）环境建设

为改善茶园小气候，提高茶叶质量和产量，以无公害、绿色食品和有机茶建设为发展方向，应规划和种植生态树木，一般每亩栽植树木 10～20 株。

五、茶园管理

（一）幼龄茶园管理

为确保茶苗成活率，要认真做好幼龄茶园的抗旱预防工作。为防止杂草滋生，减少水分散发或水土流失，可选择在冬季初和春节末行间进行铺草；对3龄内幼龄茶园，秋冬季套种绿肥，次年春秋套种花生、辣椒、豆科等植物，以短养长，促进农民增收和更好管护茶园。适度进行浅耕松土，清除杂草。对缺株断行茶园，应选择同龄苗及时补植。

在茶苗移栽进行第一次修剪的一年后，在第一次剪口（15厘米）的基础上提高15~20厘米（离地30~40厘米）进行第二次定型修剪。在第二次定型修剪一年后，在第二次剪口的基础上提高10~15厘米（离地45~50厘米）进行第三次定型修剪。

（二）成龄茶园管理

无论是幼龄茶园或是投产茶园，采取以重施有机肥、有机肥与无机肥相结合，以重施基肥与追肥相结合的原则，注重基肥足、春茶绿。以根部追肥为主、根部追肥与叶面施肥相结合。一般基肥的施用量占成龄茶园全年施用量的50%，其余肥料用作跟部追肥土叶面施肥之用。基肥一般在茶园封园后即10月后）进行施肥。追肥一般年均3次，均在各季茶开采前15~20天追施，春、夏、秋施肥比例为4 : 3 : 3。叶面追肥一年3~4次，选择早晚或阴天喷施，肥料浓度以不超过1.2%为宜。有机茶园严格禁止施用无机肥、生长剂等任何化学产品。沼渣、沼液可作基肥和追肥施用。

病虫害防治以农业防治、物理（如杀虫灯）防治、生物和化学防治相结合的办法。禁止使用国家明令禁止的高毒高残留农药在茶园上使用。做好病虫害的预测预报，注意农药选择、使用浓度和防治方法。冬季封园后，可采用石硫合剂对综合防治病、虫害有良好的效果。

对成龄茶园进行修剪，一般在10月后进行，视茶树生长势、分枝习性等情况分为轻修剪、深修剪、重修剪和台刈。一般剪去树冠上

部分3~5厘米为轻修剪、10~15厘米为深修剪、剪去树冠1/3~1/2为重修剪，离地5~7厘米剪去上部分枝条为台刈。

第三节　春季茶叶生产管理技术要点

春茶在一年中品质最佳、效益最高，是本区全年茶叶生产的重点。抓好春茶管理工作，对提早开园、增加春茶产量、提升茶叶品质、增加经济效益有着重要作用。本区茶农应抓紧时机，认真做好当前茶叶生产管理工作，为实现春茶增产、提质、增效打下坚实的基础。

一、茶园施肥

春茶施催芽肥，可以促进茶树芽叶萌发，从而增加产量，提高质量。施肥时间宜早不宜迟，一般应在2月中下旬进行。施肥量：亩施尿素25~30千克或复合肥50千克。施肥方法：以茶园开沟（沟深10~15厘米）施入并覆土为宜，以防肥分挥发流失。过于密植的茶园，如采用抛施，须在阴天以及下雨天前进行，以免灼伤茶树叶片及肥分流失。各生产单位还可根据生产实际配合喷施叶面肥，以促进春茶早发、多发、壮发。

二、茶树修剪

为早采、多采名优茶，成龄茶园春茶前一般不进行修剪，而将修剪推迟到春茶采制结束后进行。但对于去年冬天遭受较严重冻害的茶园，应及时进行轻修剪，修剪深度以剪去冻害枝条为宜，宜轻不宜重，宜早不宜迟。对无性系良种幼龄茶园，春茶期间要抓好茶树定型修剪，并在定剪基础上辅以打顶，以快速培养树冠，形成平整采摘面。修剪方法：第一次定型修剪在茶苗移栽定植时进行，离地15~20厘米处剪去主枝，第二次定型修剪是茶苗栽后第二年2月底至3月初进行，一般离地30~35厘米处剪平，第三次定型修剪是栽后第三年进行，离地45~50厘米剪去，春茶辅以打顶采，一般春茶以留二叶采为好。

三、预防冻害

早春季节应随时关注天气预报，提前作好预防“倒春寒”的措施：一是对茶园进行覆盖，即在寒流来临前，用稻草、杂草、遮阳网地膜等覆盖蓬面和茶行地面，促进茶园地温上升，减少茶园霜冻。铺草量每亩 1 500 千克以上，以不露地面为宜。茶园蓬面覆盖，待寒潮过后应及时将覆盖物掀去。二是土壤保湿，加强茶园肥培管理，施足基肥，增加客土，增厚活土层，以及在茶园迎风口建立防护林带等。三是对于已萌发芽叶的早生品种茶园，要集中人力抢采幼嫩芽叶，以减少冻害损失。

四、茶园病虫害防治

定期观察茶园病虫害发生情况，及时制定防治措施，做好茶园病虫害防治工作。要按照无公害茶园发展要求，大力推广使用生物、农业和人工防治技术。使用化学农药时要严格遵循农药安全间隔期规定。受冻害茶园，尤其要密切观察，及时喷施抗病抗菌药。要防止茶蚜、黑刺粉虱等害虫及各种病害的高发，提高春茶产量、质量。

第四章　农作物病虫害综合防治技术

第一节　水稻病虫害综合防治技术

1. 清洁田园减少病虫源

开春后，水稻栽种前，铲除田边、地埂、沟渠、路边，枯枝、落叶及杂草等，集中堆沤发酵，既有了有机肥，又可杀死在其中栖息的螟虫、稻水象甲等病虫。

2. 推广无纺布旱育秧阻截病虫侵入恶化病虫生存环境

旱育秧不但节损秧田、减少寄栽小秧这一工序，且旱育秧根系发达，移栽期灵活，可根据雨水早晚、视打田情况随时移栽，移栽大田后返青期短；苗床土壤培肥处理时按每平方米加70%敌克松可湿性粉剂5克便可预防立枯病发生；使用旱育保姆剂除植株健壮外，还可防春旱、防水稻苗瘟及水稻恶苗病；无纺布覆盖既可调温、保水，又可阻截病虫入侵。

3. 选用高产、优质、抗病耐虫品种

根据海拔高中低选用早中晚熟品种，而且要是往年在同一坝田中产量高、品质好、抗逆性强、病虫发生轻的品种。但要避免长期、单一使用某一品种。

4. 适时早播

根据各地气候条件进行适时早播，既可避免秋风秋雨对水稻抽穗扬花的影响，又可将穗瘟发生的关键时期——破口期与低温阴雨发病条件错开。

5. 严格进行种子处理

播种前将种子翻晒2~3天，再用强氯精等农药按使用说明进行杀菌消毒，即可杀灭在种子上栖息的稻瘟病、胡麻叶斑病等病菌；浸好种，催好芽滤不滴水后又用35%丁硫克百威（好年冬）种子处理干粉剂25~30克拌1千克催芽露白沥干水分后种子。或用60%吡虫啉（高巧）悬浮种衣剂20~25毫升，加水20毫升对1千克催芽露白的稻种混匀拌种，既可防治鼠害、鸟害，又可预防稻水象甲、稻飞虱等害虫。

6. 打捞浪渣

灌水打田后，水稻移栽（寄栽）前，打捞被风吹到田边、四角的浪渣，减少水稻纹枯病菌核及稻田杂草种子。

7. 精量播种

旱育秧每千克稻种需要25平方米苗床，并均匀撒播；而两段育秧每千克稻种要20平方米秧田，保证秧苗的营养空间，使秧苗生长健壮，抗逆（病虫）能力增强。

8. "送嫁药"不能缺

在移栽大田前5天左右，揭膜炼苗时喷施叶面肥，肥液中按亩加20%三环唑可湿性粉剂100克和吡虫啉、毒死蜱等杀虫剂按说明使用，预防稻瘟病及水稻害虫；而两段育秧除在移栽大田前5天左右喷施叶面肥，肥液中按亩加20%三环唑可湿性粉剂100克和吡虫啉、毒死蜱等杀虫剂按说明使用外，在从苗床寄栽到秧田5天左右还要按使用说明喷施辛硫磷、毒死蜱或氯氰。毒死蜱等农药之一，防治稻水象甲成虫，并在在移栽大田前5天左右用肥料拌杀虫颗粒剂（毒土）撒施，防治稻水象甲、水稻螟虫等。

9. 采取宽窄行打点定距移栽

采取宽窄行打点定距移栽既避免空膛，保证有效群体，又有充足的生长空间及营养空间，植株生长健壮，还有利于通风透光，降低田间小气候湿度，不利于病菌繁殖为害。

10. 加强肥水管理

采取测土配方施肥，增施有机肥，配施磷钾肥，避免偏施迟施氮肥，既保证了植株生长健壮，避免贪青晚熟，又不利于水稻病虫害发生危害。水稻的病虫害大多有趋嫩绿性。施用的有机肥要充分腐熟，

杀死其中的害虫及病菌。

移栽大田返青成活施肥，两段育秧的育秧反栽田（母子田）撒施的肥料中加杀虫颗粒剂撒施，防治稻水象甲等水稻害虫。

两段育秧寄栽成活后，水源方便的田块、在没有倒春寒时，放水晒田至田土结皮开麻裂再灌水，有利于根系生长，恶化稻水象甲成虫产卵、幼虫孵化入土为害；移栽大田后，前期稻田应保持浅水层返青，分蘖中期要提前进行晒田控无效分蘖，水稻抽穗灌浆之后采用“间歇灌溉”方法，即每灌一次水等自然落干后间隔3~5天再灌，干干湿湿的水分管理有利益稻株生长，不利于病虫发生。

同时，还要进行定期的中耕除草。

11. 适时对症用药

根据监测，田间病虫害达到防治指标时，选择高效、低毒、低残留对症农药按使用说明采取科学的施药方法进行防治。普定县水稻主要病虫的具体防治指标及最佳时期为：稻瘟病发病率（苗瘟指病株率，叶瘟指病叶率）达5%；纹枯病病丛率达20%；水稻螟虫（三化螟、二化螟、大螟）亩有卵100块以上，在幼虫孵化高峰期，拔节前采取撒毒土防治、拔节后采取喷雾防治；稻飞虱百丛虫量分蘖期达1 000头、孕穗期达1 500头，若虫高峰期；稻纵卷叶螟分蘖期百丛虫量达100头、抽穗期达150头，低龄幼虫高峰期（稻叶叶尖被卷不到1村长时）。

注重在破口前5~7天及破口时各喷一次药，预防穗瘟及稻曲病，根据田间害虫种类、数量，药液中添加相应的杀虫剂。

药剂防治最好采取统防统治，防效更好。

以上施药均可与施肥一并进行。肥料拌杀虫颗粒剂撒毒土，肥料混药液叶面喷施。

12. 齐泥割稻尽早脱粒

齐泥割稻后，田间无稻桩或稻桩很低，减少水稻螟虫等害虫在倒桩中越冬数量；尽早脱粒，及时将稻草清除野外作饲料、进行堆沤或垫圈等处理，减少病虫散落田间的机会。

第二节　稻水象甲疫情主要综防措施

根据普定县水稻生长发育阶段，结合稻水象甲主要为害水稻，产卵、幼虫为害离不开水及在普定县的发生发展规律，主要采取以下措施进行防控。

（1）结合产业结构调整将疫区改种其他经济作物，或将受害严重的田块进行水改旱，种植蔬菜等。

（2）大力推广无纺布旱育秧。

（3）安装太阳能杀虫灯诱杀。

（4）提早15天播种寄主，将越冬成虫诱到寄主上集中杀灭。

（5）疫区进行预防稻水象甲药剂拌种全覆盖。用35%丁硫克百威（好年冬）种子处理干粉剂25~30克拌1千克催芽露白的稻种沥干水分后种子。或用60%吡虫啉（高巧）悬浮种衣剂20~25毫升，加水20毫升对1千克催芽露白的稻种混匀拌种。

（6）疫区所有栽有秧的田块（包括秧田、小苗直插田块），寄栽5天后，全部喷药防治越冬代成虫。防治水稻其他重大害虫的药剂均可任意选用（以菊酯类、有机磷类农药防效好），按使用说明喷施。

（7）5月底至6月上旬（水稻移栽大田之前5~7天），疫区所有栽有秧的水田（包括秧田、小苗直插田块），全部撒毒土防治第一代幼虫。

（8）移栽返青后，对疫区的所有育秧反栽田、之前的小苗直插田撒毒土。拌毒土的药剂可选用防治地下害虫药剂，按说明使用。

第三节　玉米病虫害综合防治技术要点

近几年来，由于氮素化肥用量增加，玉米病虫害发生危害加重。我县发生较重的病害有玉米大斑病、玉米小斑病、玉米锈病、玉米纹枯病等。虫害主要有玉米地下害虫、玉米螟、粘虫等。为了保障玉米生产，必须遵循“预防为主，综合防治”的植保方针，牢固树立

“公共植保、绿色植保、科学植保”理念，采取有效措施，控制玉米病虫害的发生。主要综合防治技术如下。

（1）种植高产抗病虫品种。多注意观查当地玉米病害发生情况，当年发病较重的品种，翌年不能再种。

（2）安装太阳能杀虫灯诱杀害虫。

（3）改善栽培管理。

实施规格化种植，达到合理密植，使玉米地通风透光，有利于玉米健壮生长而不利于玉米病害发生。

实施间作套种，应用生物多样性控制病害。如花生、大豆与玉米间作。

在科学施肥和中耕除草时，如果玉米已经发生病害，可以先摘除处理病叶，喷洒杀菌剂，再中耕培土。

田园清洁，压低初浸染源。要革除玉米秸秆在地理留存至翌年播种时的不良习惯，因地制宜处理好玉米秸秆。

（4）药剂防治。多观察玉米病虫害发生动态，适时开展药剂防治。一般在发病初期用药，玉米穗腐病、纹枯病（花脚杆）用井冈霉素，玉米锈病用粉锈宁，效果较好。玉米大斑病、小斑病、灰斑病可用甲基托布津、百菌清防治有一定效果。玉米螟（钻心虫）防治：抽雄前采用3%的辛硫磷等颗粒剂，丢放于喇叭口内；穗期用90%的敌百虫800~1 000倍液或50%辛硫磷1 000倍液，滴于雌穗顶部，效果较好；地下害虫主要用辛硫磷或敌百虫拌细土撒施。

第四节　蔬菜病虫害综合防治

一、病虫种类

十字花科蔬菜病虫：主要有小菜蛾、菜青虫、黄曲条跳甲、斜纹夜蛾、甜菜夜蛾、蚜虫、菜螟、软腐病、黑腐病、菌核病、霜霉病、炭疽病、白锈病、软腐病等。

豆科蔬菜病虫：主要有豆荚螟、豆蚜、斜纹夜蛾、豆芫菁、斑潜蝇、烟粉虱、朱砂叶螨、白粉病、炭疽病、枯萎病、锈病、轮纹病、病毒病等。

胡芦科蔬菜病虫：主要有黄守瓜、芫菁、瓜娟螟、蚜虫、蓟马、斑潜蝇、烟粉虱、灰霉病、疫病、霜霉病、白粉病、炭疽病、黑斑病、叶斑病、蔓枯病、枯萎病、细菌性角斑病、病毒病等。

茄科蔬菜病虫：主要有蓟马、棉铃虫、二十八星瓢虫、茶黄螨、青枯病、早疫病、晚疫病、褐纹病、炭疽病、白粉病、灰霉病、根结线虫病等。

葱蒜类蔬菜病虫：主要有蓟马、潜叶蝇、斜纹夜蛾、甜菜夜蛾、灰霉病、疫病、霜霉病等。

二、综合防治措施

坚持“预防为主，综合防治”植保方针，以农业防治为基础，协调运用生物防治、物理及生化诱杀技术和科学用药等技术，逐步实现病虫害的可持续控制。

（一）农业防治

（1）选用抗（耐）病虫品种和进行种子消毒。用温水浸种或采用药剂拌种和种衣剂包衣等进行种子处理。

（2）培育无病壮苗，防止苗期病虫害。苗床应远离种植地，防止种植地病虫传入苗床。苗床彻底清除枯枝残叶和杂草，采用培养钵育苗，营养土用无病土，施用腐熟的有机肥。加强育苗管理，及时处理病虫害，淘汰弱病苗，选用无病虫壮苗移植。

（3）清洁田园。清除田间残株、落叶、杂草，及时摘除病虫枝叶、果实或病株。收菜后，及时清除田间残株残叶，适时翻耕晒土。

（4）合理轮作、间作、套种。按不同的蔬菜种类、品种实行轮作倒茬、间作套种。如与葱蒜轮作，能够减轻果菜类蔬菜的真菌、细菌和线虫病害。水旱轮作减轻番茄溃疡病、青枯病、瓜类枯萎病和各种线虫病等病害。

（5）合理密植，注意排水、通风透光。

（6）科学施肥。应施用腐熟有机肥为主，适施化肥，增施磷钾

肥及微肥。

（二）生物防治

保护利用瓢虫、草蛉、蜘蛛、捕食螨等自然天敌。

生物农药。用苏云金杆菌（Bt）制剂、阿维菌素、多杀霉素防治小菜蛾、菜青虫、斑潜蝇等，核型多角体病毒、颗粒体病毒防治菜青虫、斜纹夜蛾、甜菜夜蛾等，农用链霉素、新植霉素防治软腐病、角斑病等细菌性病害。

植物农药。鱼藤精、天然除虫菊、巴豆、苦参、苦楝、川楝、烟碱等防治菜青虫、蚜虫、粉虱等害虫。

三、物理和生化诱杀措施

灯光诱杀。诱杀鳞翅目及鞘翅目害虫成虫。使用 220 伏交流电，每 30~50 亩菜地挂一盏。挂灯高度离地面 1~1.5 米，每天 19~21 时开灯。

色板、色膜的驱避与诱杀。在田间悬挂银灰色膜驱避蚜虫，悬挂黄色捕虫板以粘住蚜虫、白粉虱、斑潜蝇等，悬挂蓝色捕虫板防治棕榈蓟马。从作物苗期开始使用，可降低害虫虫口基数。

性诱剂诱杀。应用各种害虫专用诱芯诱杀成虫，减少害虫交配机会，降低其产卵量，减轻防治压力。性诱剂诱芯每 1~2 亩挂 1 个，悬挂高度离菜地 1~1.5 米，有效期 30~45 天；小菜蛾性诱剂诱芯每亩放 5~6 个性诱盆，诱盆之间相隔 6~8 米，有效期 30~45 天。

糖醋酒诱杀：糖、醋、酒和水按 3：4：1：2 配成糖醋液，并按 5%加入 90%敌百虫，用盆盛装放在离地 1 米的枝架上，每亩放 3 个，白天盖好，晚上揭开，诱杀斜纹夜蛾、甘蓝夜蛾、银纹夜蛾、潜蝇、小地老虎等害虫成虫，7 天换一半药，15 天药液全部换。

四、化学防治

加强病虫监测，结合病虫发生特点，选择对口有效药剂和最佳防治时机，对症用药，适时用药。严禁在蔬菜上使用剧毒、高毒、高残留农药，推广高效、低毒、低残留农药。

小菜蛾、菜青虫、斜纹夜蛾、甜菜夜蛾：在低龄幼虫期，选用BT、阿维菌素类、或昆虫生长调节剂、或多杀霉素、绿僵菌等生物农药，抗药性较严重的菜区应轮换使用不同杀虫机理的药剂进行防治。

黄曲条跳甲：选用敌敌畏、辛硫磷等喷雾防治成虫，灌根防治幼虫，同时注意防治菜地周边虫源地。

豆荚螟：在花期或幼荚期，选用菊酯类、植物源、生物源农药等防治。

瓜蓟马：在初孵幼虫聚集为害时，选用吡虫啉、啶虫脒、喹硫磷、溴氰菊酯等防治。

蚜虫：选用吡虫啉、避蚜雾等防治。

软腐病：选用氯溴氰尿酸（灭菌成）、氯霉素、代森铵、植保灵和农用链霉素等防治。

疫病、霜霉病：选用克露、烯酰吗啉、半乳糖醛酸酶、甲霜灵、甲霜灵锰锌等防治。

叶斑病、炭疽病、丝核菌腐烂病：选用甲基硫菌灵、百菌清、多菌灵等防治。

褐纹病：发病初期，用百菌清、杀毒矾、甲霜灵·锰锌等药剂防治。

病毒病：通过种植抗病或耐病的品种，控制蚜虫、粉虱等害虫为害，防止病毒病传播，起到治虫防病的作用。

第五节　油菜病虫害综合防治技术

一、油菜病害及防治

（一）真菌性病害

（1）菌核病。又名茎腐病，苗期受害后茎基与叶柄、叶片出现水渍状红褐色斑点，逐渐扩大变成淡白色，湿度大时长出白色絮状菌丝，病组织内外形成许多像老鼠屎一样的菌核，严重时可使植株干枯

死去。菌核病在世界冬油菜区和春油菜区均有发生，一般会造成产量损失 10%~20%，严重时可达 40%~50%。

（2）霜霉病。主要在土壤潮湿的环境中发生。冬季主要为害叶片，春季还为害茎叶、花梗和荚。

（3）白锈病常发生在叶、茎、花梗上，受害叶片在叶面出现淡黄色近圆形病斑，叶背面长出突起的疱状病斑，表皮皱裂后散发出白色粉末，即病菌孢子。

（二）病毒性病害

病毒病：发病初期叶脉褪绿，叶背产生斑点，叶片皱缩，植株矮化，严重时叶片扭曲，组织硬脆，叶脉坏死，心叶畸形萎蔫，最后烂根死苗。

（三）病害防治

（1）及时清理三沟春季一般雨水偏多，要及时清沟排水，保证雨住田干。并加深沟道，降低地下水位和田间湿度。

（2）早施、稳施薹肥一般要在薹高达 13~14 厘米时施用，后期要控施氮肥增施磷钾肥，提高植株抗病的能力，可亩用楝素肥 50~80 千克进行撒施。

（3）搞好中耕培土在抽薹期中耕培土，以调节土壤中水肥气热状况，既促进油菜健壮生长，又能将已萌发的菌核掩埋到土层下，减少田间菌源为害。

（4）摘除病叶和下部老黄叶要在晴天露水干后进行摘叶，并带出田外沤肥，或煮熟作猪饲料。

（5）药剂防治霜霉病和白锈病在抽薹 30 厘米高时或始花期，当病株率达到 10%时用药，选用田除 600 倍液，也可用 50%菌成 800 倍液或国优 101　1 000 倍液喷雾。如果阴雨天较多时，要趁停雨间隙抢治，连续喷 3 次，间隔 5~7 天喷 1 次，病重时可用霜霉一喷绝 300 倍液喷施。菌核病的防治适期是盛花期和终花结荚期，以各施药 1 次最好，一般当病叶株率达 10% 以上时就须用药。药剂有：喷茬克 1 500 倍液防治，或喷施 50%菌成 800 倍液或国优 101 1 000 倍液，也可用田除 600 倍液。每亩撒施国优 106（含楝生物肥）25~30 千克，对防治菌核病效果也很好。病毒病用50%菌成800倍液或国优101 1 000倍液，也可用田除（嘧酞霉素）或田除（病毒专用）600倍液喷雾防治，病重时可用病毒一喷绝300倍液喷施。

二、油菜虫害及防治

为害油菜的害虫主要有蚜虫、菜青虫、跳甲和小菜蛾等。

（一）为害特征

1. 蚜虫

一般以其成虫和若虫聚集在油菜叶背、心叶及花序顶端等部位刺吸汁液，使受害油菜叶片发黄、卷缩甚至脱落，同时还可传播病毒病，使茎枝出现梭状病斑，嫩茎、幼果畸形，种子成熟不良，严重影响油菜的产量和质量。

2. 茎象甲

主要以幼虫钻蛀嫩茎，使其肿大，形成空髓，造成植株畸形，抗倒性差，易折，严重时不抽薹，甚至死亡。

3. 小菜蛾

初孵幼虫可钻入叶片组织内取食叶肉，2龄后啃食叶片留下一层表皮，3~4龄幼虫则取食叶片成孔洞、缺刻，严重时叶被食成网状，对油菜造成极大威胁。

4. 菜粉蝶

初龄幼虫取食叶肉，形成透明小孔，2龄以后分散为害，将叶子吃成网状，严重时全叶吃光，仅留叶柄和主脉。

5. 潜叶蝇

常以幼虫潜食叶肉，形成灰白色弯曲潜道，严重影响油菜的光合作用。

6. 跳甲

以成虫取食叶片，形成孔洞，并可为害嫩荚果，而其幼虫专食根皮，影响根系的生长和对水分养分的吸收。

（二）为害规律

1. 为害时期

蚜虫、小菜蛾和跳甲在油菜全生育期均可为害，茎象甲越冬成虫一般在2月下旬到3月上中旬出土活动，在油菜蕾薹期为害，菜粉蝶主要在油菜幼苗期为害，潜叶蝇主要在油菜生长中后期为害。

2. 为害期的虫态

跳甲主要以成虫取食叶片，而其他害虫主要以幼虫为害油菜植株。

3. 繁殖快，数量大

有些害虫世代交替严重，其中蚜虫在温度较高时，5~6天就可繁殖1代，单株茎象甲幼虫可多达30只，菜粉蝶每个雌虫平均产卵120粒，最多可超过500粒，小菜蛾一年可发生几代至十几代，且繁殖数量大，跳甲和潜叶蝇可发生几代，其中越冬代跳甲可产卵500~600粒，潜叶蝇一生可产卵40~90粒。

4. 隐蔽性、逃匿性强

茎象甲和潜叶蝇的幼虫在植株内部为害，跳甲的成虫常在油菜根部及土中藏身，而小菜蛾和菜粉蝶的幼虫及茎象甲成虫均具有假死性，这都会给防治工作带来很大困难。

（三）综合防治

根据油菜害虫的为害特征及规律，抓住关键时期防治，有的放矢，达到"防早、防小、防少、防了"的效果，才能保证油菜增产增收。

1. 防治关键时期

跳甲和茎象甲（尤其是茎象甲），必须抓住成虫出土活动期在产卵前消灭，一般在2月下旬至3月上中旬，各地要掌握地形不同、气候差异等情况适时防治。菜粉蝶应在油菜苗期做好防治工作，蚜虫在油菜花期前后，小菜蛾和潜叶蝇根据虫情变化，在3—4月抓紧防治。

2. 农业防治

农业防治要做到"三早"，以降低虫源基数。

（1）春季及早清除田间的杂草及油菜的枯、病、老叶，集中深埋或焚烧，以消灭越冬虫源。

（2）适时早灌返青现蕾水，可使部分越冬害虫被泥浆或水淹致死，尤其对跳甲、茎象甲及蚜虫防治效果较好。

（3）提早中耕、追肥，以达到提温、保墒、除草、消灭虫源的目的，促进油菜早发稳长，增强抵抗力，但中耕宜浅不宜深，以防切断根系。

3. 化学防治

化学防治必须适时适量，科学配药，同时注意各药交替施用，以降低害虫抗药性，提高用药的效果。喷雾。天诺丙溴·辛或天诺毒·辛 1 500 倍液+润周 6 号 3 000 倍液+乐乐逗 200 倍液喷施，以发挥其胃毒、触杀、内吸三重作用，对各害虫均有很好的防治效果。对小菜蛾的防治可用 25%巧妙 1 000 倍液+润周 6 号 3 000 倍液喷雾防治。

4. 物理防治

用涂有凡士林或废机油的黄板诱集有翅蚜虫；用黑光灯或频振式杀虫灯诱杀小菜蛾成虫。

5. 生物防治

利用菌杀敌 600~800 倍液喷雾防治蚜虫、小菜蛾、菜粉蝶和潜叶蝇等。

第六节　水果病虫害综合防控技术

一、生态控制技术

改善果园生态环境、保护果园生物群落结构、维持果园生态平衡，促进果园生态系统良性循环，构建果园天敌的栖息和繁殖场所和果园生物链，增加果园有益天敌种群数量。

二、生物防治技术

根据果园病虫害发生种类和为害程度，实施以虫治虫、以螨治螨、以菌治虫、以菌治菌等生物防治技术。

释放寄生蜂、瓢虫、草蛉、蜘蛛、螳螂等果园害虫天敌。

（1）寄生蜂等天敌经室内人工大量饲养后释放到果园，可控制相应的害虫。寄生蜂如赤眼蜂可用于防治果园吸果夜蛾和斜纹夜蛾等，缨小蜂可防治果园小绿叶蝉；瓢虫和草蛉可用于防治果园蚜虫。

（2）应用植物源和微生物源制剂控制果园病虫害。可选用苦参碱、印楝素、藜芦碱、苦皮藤素、除虫菊素、核型多角体病毒、球孢白僵菌、苏云金杆菌和韦伯虫唑菌等成熟产品及相应技术。

三、物理防治技术

根据果园害虫发生种类和为害程度采用以下技术。

（1）应用太阳能频振式杀虫灯诱杀果园的吸果夜蛾、斜纹夜蛾、枣尺蠖和透翅蛾、吸果夜蛾蠖等鳞翅目害虫成虫。技术要点：根据果园土地平整度及果园害虫数量，控制在30~50亩，安装一盏诱虫灯。

（2）应用诱虫色板诱控技术诱杀果园害虫，利用果树害虫对颜色的偏嗜性原理，采用诱虫黄板控制斑衣蜡蝉、小绿叶蝉、黑尾大叶蝉等害虫，采用诱虫蓝板控制葡萄蓟马。技术要点：每亩地安装诱虫色板20余张，安放时间在夏秋时节。

（3）应用多功能房屋型害虫诱捕器诱控吸果夜蛾、斜纹夜蛾、枣尺蠖、盗毒蛾、斑衣蜡蝉、小绿叶蝉、黑尾大叶蝉和葡萄园区的诱杀透翅蛾、吸果夜蛾蠖、葡萄蓟马等害虫。利用果园害虫本身的生物习性，集成色诱、性诱、饵诱技术于一体，三种技术的集成可提升诱集效果，通过多次更换色板、诱芯、饵料达到持续诱捕多种害虫的作用，实现绿色防控的目的。技术要点：安装数量10个/亩；安装高度为诱捕器下缘高出葡萄、猕猴桃架平面20厘米。诱虫色板视表面的黏虫的数量及黏性程度，将色板内侧面置换到外侧面；害虫饵料可每隔15天左右更换1次；性诱剂诱芯悬挂距离离药液2厘米左右，每隔30天左右更换1次。

（4）性信息素诱控技术。利用昆虫的性信息素或行为干扰物质控制猕猴桃小绿叶蝉、枣尺蠖等主要害虫。

四、采取果实套袋技术

在果实长定成熟前，喷一次防病治虫生物农药后，进行果实套袋。

五、化学农药与生物农药防治技术

水果园区全面施用低毒低残留农药，优先选择生物源和矿物源农药，全面禁止施用高毒高残留农药，严格农药施用备案制度。水果园区全面使用高效施药器械。

（1）根据病虫害发生情况，掌握防治关键时期和农药安全间隔期，科学合理使用农药。

（2）采用高效施药技术，可采用静电喷雾器进行叶面喷雾防治，施药量为传统施药剂量的1/2~2/3，每亩地用水量为7.5千克。

第七节　茶园病虫害综合防控技术

普定茶园主要病虫害为：小绿叶蝉、茶蓟马、绿盲蝽、间歇性爆发的茶毛虫、茶饼病、赤星病等，主要综合防控措施。

一、农业防治措施

（1）秋冬季实施封园清园，减少病虫害越冬基数。在秋末冬初，茶树停止生长后，修剪茶树，并彻底清除茶园内的残枝、枯叶，放至行间深埋或销毁，并在12月至翌年1月全园喷施晶体石硫合剂150~200倍液封园。

（2）增施有机肥，配方施肥，增强树体抗性。根据茶树生长规律、土壤理化性质、气候条件和无公害的要求进行科学施肥。基肥以有机肥为主，适量配施磷肥，追肥选用硫酸钾复合肥为主，控制尿素施用量，大力推广生物有机肥，增强树势，提高植株抗逆性。

（3）及时适时采摘，恶化害虫营养条件。在生产季节，指导茶农及时适时采摘茶叶嫩梢，恶化害虫营养条件，减少虫害取食，减轻

假眼小绿叶蝉、茶叶螨类等的发生为害。

（4）适时中耕除草，恶化害虫生活环境。各季茶采摘完后，全园中耕，割除茶园梯壁及周边杂草，清除茶行内杂草，并对树冠进行轻修剪，增强茶园通风透光，恶化害虫生活环境。

二、物理防控技术措施（重点在夏、秋季实施）

根据茶园害虫茶小绿叶蝉、黑刺粉虱、茶尺蠖等的趋黄、趋绿、趋光习性，实施物理防控技术措施。通过诱杀，极大地降低了茶园中害虫的种群数量，从而减少了用药次数，减轻了害虫的发生为害。

（1）引进“黄板加昆虫信息素”诱杀假眼小绿叶蝉、黑刺粉虱等虫害，每亩茶园配置“黄板加昆虫信息素”20~30套。

（2）引进太阳能频振式杀虫灯诱杀害虫。在茶园周边适当位置配置太阳能频振式杀虫灯5~10盏，诱杀茶毛虫、茶尺蠖、茶枝镰蛾等趋光习性较强的害虫。

三、强化生物防治，保护和利用天敌资源

大力推广使用植物源及微生物源农药天然除虫菊、虫螨腈、苦参碱等防治病虫害，以减少茶园中有益天敌蜘蛛、捕食螨、螳螂等受到伤害，充分利用天敌对茶园害虫的自然控制作用；开展球孢白僵菌生物农药（江西天人生态有限公司产品）防治假眼小绿叶蝉试验示范。

四、科学使用化学农药，保障茶叶产品安全质量

（1）严格执行《农药合理使用准则》《农药安全使用规定》，全面禁用三氯杀螨醇、氰戊菊酯等高毒、高残留农药，要按照农药安全间隔期使用农药，避免茶叶农残超标。

（2）推广应用低毒、低残留的对口农药，优先推广生物农药。如防治小绿叶蝉、蚜虫推广天然除虫菊、啶虫脒、吡虫啉类等；防治黑刺粉虱可选用矿物油、吡虫啉类等；螨类可用哒螨灵、炔螨特等；防治赤星病可选用代森锰锌等对口药剂；冬季要用石硫合剂封园。

（3）加强测报，按防治指标适时用药。在茶叶各个生长季节，

均应加强田间病虫调查，坚持各种病虫达到防治指标才用药。茶小绿叶蝉应掌握在若虫盛期，春夏季虫量达 6~8 头/百叶、秋冬季 12 头/百叶时用药；黑刺粉虱应掌握在若虫盛孵期，虫量达 2~3 头/百叶时用药；叶螨一般应掌握若螨发生高峰期前，螨量达 15 头/百叶以上时防治。病害应掌握在发病初期嫩叶初展时喷药，每季茶喷 1 次，基本可控制为害。

（4）讲究施药技术和方法。为了避免害虫产生抗药性，农药的不同类型要交替轮换使用。喷药时：第一，要正确掌握用药量和药液浓度，一般在高山、阴天、气温低、虫龄大或病情又重、树冠又宽大的茶园适当增加农药浓度和用药液量，反之可适当减少用药量。第二，要正确掌握药剂的配制、稀释方法，宜采用“两次稀释法”。第三，注意施药均匀周到。叶蝉、螨类和黑刺粉虱幼虫均在茶树叶片背面为害，务必将叶片喷湿、喷透。第四，注意施药方法，应先喷施四周茶园，再喷施中间茶园。

第八节　假劣农药的识别与鉴定

一、农药的分类

（1）按用途分。杀虫剂、杀螨剂、杀鼠剂、杀菌剂、除草剂、植物生长调节剂等。

（2）按来源分。

矿物源农药（无机化合物），如石硫合剂、波尔多液。

生物源农药（天然有机物），如抗生素、烟碱、微生物、NBV

化学合成农药，如 DDV 等。

（3）按化学结构分有机磷、氨基甲酸酯、拟除虫菊酯、有机氯、有机硫、酰胺类、苯氧羧酸类等。

二、什么是假冒伪劣农药

什么是假农药？

假农药是指以非农药冒充农药或者以此种农药冒充他种农药及所含有效成分的种类、名称与产品标签或者说明书上所注明农药有效成分的种类、名称不符的。

什么是劣质农药？

劣质农药是指不符合农药产品质量标准的，失去使用效能的、混有导致药害等有效成分的农药。

什么是无证农药？

无证农药是指没有农药登记证、生产许可证（生产批准证书）、产品合格证及产品执行标准的农药产品。

什么是过期农药？

过期农药是指超过农药有效期（一般为2年）的产品。

三、如何识别假农药和伪劣农药

（一）常见的假冒、伪劣农药主要特征

（1）有效成分含量不足。

（2）有效成分质量差，如含有某些杂质，不但会影响药效，有时还会造成药害。

（3）根本没有标签上所规定的有效成分。

（4）农药中实际含有的有效成分并不是标签上所注明的成分，即用价格便宜的农药冒充价格昂贵的农药。

（5）农药过期失效。

（6）制剂加工水平低，没有达到标签上所注明的剂型要求。

（二）识别鉴定（三看一测）

1. 看外包装

包装箱（袋）材料坚实，没有破损，无泄漏。箱（袋）面应印有明显的农药含量、名称、剂型、农药登记证号、生产批准证书号（或生产许可证）、产品标准号、净重、毛重、防雨、防潮、防火、毒性、生产日期（批号）、厂址、厂名、电话、邮编等。

2. 看农药制剂外观

（1）可湿性粉剂，疏松粉末、不结块，外观均匀，用手指捏搓

无颗粒感。如有结块或团块颗粒感，说明已经受潮。如果产品颜色不均匀，便可说明产品质量有问题。

(2) 乳油、水剂为液态状、透明、均匀、无沉、无漂浮物。如出现混浊、分层，有沉淀和漂浮物等现象，说明农药质量有问题。

(3) 悬浮剂应为可流动的悬浮液，无结块，存放后允许有分层现象，但下沉的农药应轻易浮起，并呈均一的悬浮液。如经摇晃后，产品不能恢复原状或仍有结块，说明产品存在质量问题。

(4) 颗粒剂应为颗粒均匀，不应含有许多粉末。

3. 看农药标签

根据我国农药登记管理部门的规定和要求，农药标签必须包括以下内容。

(1) 农药名称是指农药有效成分及商品名的称谓，包括通用名称（中文通用名称和国际通用名称）和商品名称。

(2) 三证号齐全。是指农药登记证号（包括临时、正式和分装登记证号）、生产批准文件号（或生产许可证号）、产品执行标准号。

(3) 毒性标志是按我国农药急性毒性分类标准，共分3级。

(4) 标色带（标志带）是为了使用者能简单、快速、准确地判断农药的类别。

(5) 使用说明应重点介绍该农药制剂的特点，以及批准登记作物和防治对象、最佳用药量、施药适期、施药方法等。

(6) 注意事项。根据农药机理特性、理化性、毒性、安全性等提出该农药是否能和其他农药、化肥等混用，限制使用的范围，安全间隔期，对水生生物、家蚕、天敌、环境等影响，中毒主要症状及急救解毒措施等。

(7) 其他。标签上还必须表明净重（克或千克）或净容量（升或毫升），产品的生产日期、批号和质量保证期，以及生产厂名、地址、邮编、电话（区号）。以供有关监督部门检查，并作为用户与生产、经营者产生争议时的裁定依据。

(8) 检查标签有无及残缺。

4. 简易的理化性能检测

（1）可湿性粉剂。备一白色透明玻璃杯内盛2/3的清水，待水静止后取少量（几克）药剂，在距水面2~3厘米高时一次性倒入杯中，优良的可湿性份剂在投入水后，不加搅拌，能在2~3分钟内很快湿润分散，并形成较好的药液。

（2）乳油。取一个白色透明玻璃杯，盛一定量的清水，用滴管吸取样滴，滴入静止的水面上。合格的乳油，能迅速向下向四周扩散，稍加搅拌后就形成白色牛奶状乳液，静止30分钟不会出现混浊、油珠沉淀物。

（3）水溶性乳剂。该剂型能与水互溶，不形成乳白色，国内该剂型较少，只有甲胺磷等。

（4）干悬乳剂（悬浮剂）。干悬乳剂是指用水稀释后可自发分散，原药以粒径1~5微米的微粒弥散于水中，形成相对稳定的悬浮液。

四、防止假冒农药的措施

（1）熟悉和掌握有关植物保护及农药的基本知识。

（2）把好农药经营渠道关。

（3）把好农药质量进货关。

（4）不购买散装农药制剂。

第九节　最新国家禁用农药

《中华人民共和国食品安全法》第四十九条规定：禁止将剧毒、高毒农药用于蔬菜、瓜果、茶叶和中草药材等国家规定的农作物；第一百二十三条规定：违法使用剧毒、高毒农药的，除依照有关法律、法规规定给予处罚外，可以由公安机关依照规定给予拘留。2017年国家禁用和限用的农药名录如下。

一、禁止生产销售和使用的农药名单（42 种）

六六六、滴滴涕、毒杀芬、二溴氯丙烷、杀虫脒、二溴乙烷、除草醚、艾氏剂、狄氏剂、汞制剂、砷类、铅类、敌枯双、氟乙酰胺、甘氟、毒鼠强、氟乙酸钠、毒鼠硅，甲胺磷、甲基对硫磷、对硫磷、久效磷、磷胺、苯线磷、地虫硫磷、甲基硫环磷、磷化钙、磷化镁、磷化锌、硫线磷、蝇毒磷、治螟磷、特丁硫磷、氯磺隆，福美胂、福美甲胂、胺苯磺隆单剂、甲磺隆单剂（38 种）。

百草枯水剂自 2016 年 7 月 1 日起停止在国内销售和使用。

胺苯磺隆复配制剂，甲磺隆复配制剂自 2017 年 7 月 1 日起禁止在国内销售和使用。

三氯杀螨醇自 2018 年 10 月 1 日起，全面禁止三氯杀螨醇销售、使用。

二、限制使用的 25 种农药

中文通用名禁止使用范围。

甲拌磷、甲基异柳磷、内吸磷、克百威、涕灭威、灭线磷、硫环磷、氯唑磷蔬菜、果树、茶树、中草药材。

水胺硫磷柑橘树；

灭多威柑橘树、苹果树、茶树、十字花科蔬菜；

硫丹苹果树、茶树；

溴甲烷草莓、黄瓜；

氧乐果甘蓝、柑橘树；

三氯杀螨醇、氰戊菊酯茶树；

杀扑磷柑橘树；

丁酰肼（比久）花生。

氟虫腈除卫生用、玉米等部分旱田种子包衣剂外的其他用途。

溴甲烷、氯化苦登记使用范围和施用方法变更为土壤熏蒸，撤销除土壤熏蒸外的其他登记。

毒死蜱、三唑磷自 2016 年 12 月 31 日起，禁止在蔬菜上使用。

2,4-D丁酯不再受理、批准2,4-D丁酯（包括原药、母药、单剂、复配制剂，下同）的田间试验和登记申请；不再受理、批准2,4-D丁酯境内使用的续展登记申请。保留原药生产企业2,4-D丁酯产品的境外使用登记，原药生产企业可在续展登记时申请将现有登记变更为仅供出口境外使用登记。

氟苯虫酰胺自2018年10月1日起，禁止氟苯虫酰胺在水稻作物上使用。

克百威、甲拌磷、甲基异柳磷自2018年10月1日起，禁止克百威、甲拌磷、甲基异柳磷在甘蔗作物上使用。

磷化铝应当采用内外双层包装。外包装应具有良好密闭性，防水防潮防气体外泄。自2018年10月1日起，禁止销售、使用其他包装的磷化铝产品。

第十节　贵州省茶园禁用的农药

（65种，参照欧盟及日本等地茶园禁用情况）

啶虫脒、吡虫啉、阿维菌素、草甘膦、草铵膦、氧化乐果、水胺硫磷、辛硫磷、多菌灵、溴氰菊酯、三唑磷、敌百虫、杀虫单、杀虫双、杀虫环、氯丹、异丙威、敌敌畏、杀螟硫磷、甲氰菊酯、盐酸吗啉胍、灭幼脲、丙溴磷、恶霜灵、敌磺钠、乙硫磷、杀草强、唑硫酸、硫菌灵、六氯苯、杀螟丹、喹硫磷、溴螨酯、氯唑磷、定虫隆、嘧啶磷、敌菌灵、有效霉素、甲基胂酸、灭锈胺、苯噻草胺、异丙甲草胺、扑草净、丁草胺、吡氟禾草灵、吡氟氯禾灵、恶唑禾草灵、喹禾灵、氟磺胺草醚、三氟羧草醚、氯炔草灵、灭草猛、哌草丹、野草枯、氰草津、莠灭净、环嗪酮、乙羧氟草醚、草除灵、2，4，5-涕、氟节胺、抑芽唑、蜗螺杀、乙拌磷、乙烯利。

第五章　畜牧业生产技术

第一节　生猪养殖技术

（一）无公害生猪养殖

1. 猪场环境

猪场应建在地势高燥、排水良好、易于组织防疫的地方，且符合动物防疫条件，如周围 3 000 米内无屠宰场、畜产品加工厂、大型化工厂及其他污染源，距离交通干线、城镇居民区和公共场所 1 000 米以上等。场地选择在居民区常年主导风的下风或侧风向处。不与县级规划相冲突。

猪场总占地面积按年出栏一头育肥猪不超过 2.5~4 平方米计算。栏舍内通风良好，空气中有毒有害气体含量应符合无公害畜禽生产要求。场区要求净道和污道分开，互不交叉，猪场周围有围墙或防疫沟，并建有绿化隔离带。

2. 引种

种猪应从具有种猪生产经营许可证的种猪场引进，并有《种猪质量合格证》和《兽医卫生合格证》。引进的种猪，应先进行隔离观察 15~30 天，经官方兽医检查确定为健康合格后，方可合群饲养。仔猪应为生产性能好、健康、无污染的种猪群所产的健康仔猪。不要从疫区引进种猪或仔猪。

3. 饲养条件

饲料原料和添加剂应符合《无公害食品——生猪饲养饲料使用准则》的要求。不同生长时期和生理阶段，根据营养需求，配制不同的配合饲料。不给肥育猪饲喂高铜、高锌日粮，不使用变质、发

霉、生虫或污染的饲料，不使用未经无害化处理的泔水及其他畜禽副产品，不使用动物源性饲料。禁止在饲料和饮水中添加非法添加物，在育肥猪出栏前，按使用规定执行休药期。

饮水水质符合《无公害食品——畜禽饮用水质标准》要求，不饮用有害物质和细菌超标及被污染的水源。经常清洗消毒饮水设备，避免细菌滋生。

4. 兽医防疫

保持良好的卫生环境，减少疾病的发生，严格按照《无公害食品——生猪饲养兽药使用准则》和《无公害食品——生猪饲养兽医准则》的要求使用兽药，兽药、疫苗须来源清楚、质量可靠。建立合理的免疫程序，有计划使用疫苗预防生猪疫病、使用的疫苗应符合《兽用生物制品质量标准》要求。推荐使用国家兽药典收载的兽用中药材、中药成方制剂。兽药使用应在临床兽医的指导下进行，严格掌握兽药的用法、用量和停药期。禁止使用麻醉药、镇痛药、镇静药、中枢兴奋药、化学保定药及骨骼肌松弛药，禁止使用未经农业部批准或已被淘汰的兽药。

5. 卫生消毒

选择对人和猪安全，没有残留毒性，对设备没有破坏，不会在猪体内产生有害积累的消毒剂。猪舍周围环境每2~3周用2%烧碱或撒生石灰1次；场周围及场内污水池、排粪坑、下水道出口，每月用漂白粉消毒1次。在大门口、猪舍门口设消毒池，并定期更换消毒液。工作人员进入生产区净道和猪舍要经过更衣、喷雾或紫外线消毒。大型养猪场严格控制外来人员，必须进入生产区时，要洗澡、更衣、换鞋、消毒后方可进入，并按指定路线行走。每批猪调出后，要彻底清洗干净，用广谱、高效、低毒药液进行喷雾消毒或熏蒸消毒。定期用0.1%新洁尔灭或0.2%~0.5%过氧乙酸对用具进行消毒。

6. 饲养管理

传染病患者不得从事养猪工作。场内兽医人员不准对外诊疗猪及其他动物的疾病，猪场配种人员不准对外开展配种工作。饲料每次添加量要适当，少喂勤添，要定时定量，每天配制的饲料要用光，防止饲料污染腐败。转群时，按体重大小强弱分群饲养，饲养密度要适宜。每天打扫猪舍卫生，保持料槽、水槽用具干净，地面清洁。定期投放灭鼠药，及时收集死鼠和残余鼠药，并做无害化处理。选择高效、安全的抗寄生虫药定期进行寄生虫防制。猪舍内要调节好温度和湿度，夏季确保通风良好，防暑降温；冬季注意保温，防冻防寒。

7. 无害化处理

建立无害化处理设施和病猪隔离区。对可疑病猪和传染病死亡猪的尸体按无害化的方法进行扑杀。猪场废弃物处理实行减量化、无害化、资源化原则。对粪便污水实行固液分离，采用干清粪工艺，通过自然堆腐或高温堆腐处理粪便后作农业有机肥，采用沉淀、曝光、生物膜和光合细菌设施处理污水。推荐猪—沼—果（蔬）生态模式，就地吸收消纳，降低污染，净化环境。在保证生猪饮用水的前提下，尽量减少水的用量，既节约水资源又减少了污水排放。

（二）生料喂猪技术

采用生料喂猪，不仅节省人力、财力，而且能增加猪的采食量，促进增重。同时还可减少饲料消耗，提高饲料报酬。

1. 生喂饲料的选择

可选作生喂的饲料主要是玉米、小麦、稻谷等禾本科作物籽实及其加工副产品，如稻糠、麦麸等。上述饲料煮熟后营养物质损失达13%以上，其饲养效果只相当于生喂的87%。此外，青绿饲料也应生喂，熟喂则大部分蛋白质和维生素遭到破坏。不过豆科籽实饲料，如黄豆、豆饼、花生饼、豆渣等饲料中含有一种抗胰蛋白酶，能阻碍猪体内胰蛋白酶对豆类蛋白质的分解。因此，此类饲料不能生喂，须高温处理后再与其他饲料原料配合饲喂。

2. 生喂方式

生喂可分湿喂和干喂两种。湿喂料与水的比例不能超过1：2.5，否则就会减少消化液的分泌，降低消化酶的活性，影响饲料的消化吸收，最适宜的比例应该为1：1。拌好的饲料，以能挤出水滴为宜。干喂是以粉状的形式饲喂，饲后再喂水。干喂饲料不易变质，配一次可喂几天，节省人工，而且便于制成配合饲料喂猪。

精青生料要分开喂。猪饥饿时，消化液分泌最旺盛，精饲料营养丰富，体积小，粗纤维少，适口性好，质量高，易消化，故应先喂精料。如精青料混合喂，则由于青料的体积大，水分多，降低了精料的消化率和吸收率，且青料中过多的水分又能冲淡消化液，从而降低了消化功能。

由熟料改喂生料时，要有一个过渡期。先将 1/3 的料改喂生料，3~5 天后改 2/3，再过 3~5 天全部改喂生料，否则会影响猪的采食和增重。改喂生料的头几天应控制用料量，防止猪因过食而引起消化不良。饲料更换时亦如此，切忌突然更换。

3. 生料消毒

生饲料喂猪，要注意洗净和消毒，以免感染寄生虫病。消毒的方法可用石灰水或高锰酸钾溶液浸泡，最好的办法是种植饲料的场地，不用猪粪或未发酵过的粪肥，以防虫卵污染。含有某些毒素的菜籽饼、棉籽饼、鲜木薯、荞麦等，一般须经粉碎、浸水、发酵或青贮等工序，等毒素去掉后才可生喂。

4. 生料粉碎

生料粉碎颗粒直径以 1.2~1.8 毫米为宜，这种粒型猪吃起来爽口，采食量大，长膘快。直径小于 1 毫米，猪采食时易黏嘴，影响适口性，并易引发胃溃疡；直径大于 2 毫米，粗糙、适口性差，猪不喜采食。

5. 生料用量

生饲料喂猪，喂量因猪生长阶段的不同和生产性能而有所区别。仔堵和育肥猪可任其自由采食：种猪则不然，要定量供应，否则，因采食过量，造成脂肪沉积而影响繁殖：通常非配种期的种公猪，精料日用量要控制在 2~2.5 千克，配种期可喂至 3~3.5 千克：妊娠期母猪，精料日用量为 2~2.5 千克，哺乳期为 5~6 千克。

喂干料的猪要供应足够的饮水：冬季饮水量为干饲料的 2~3 倍，春秋季为 4 倍，夏季为 5 倍。特别是哺乳母猪和仔猪更不能缺水，不然会影响母猪的乳汁分泌。

（三）母猪饲养管理

1. 使母猪白天产仔

在母猪临产前1~2天的8~9时，于母猪颈部肌肉注射前列烯醇注射液1~2毫升，可使85%的母猪在次日白天分娩，仔锗成活率可由90%提高到98%以上。

2. 使母猪在春秋分娩

母猪分娩安排在春秋季，避开严寒的冬天和炎热的夏季，能提高仔猪成活率，实现2年产5胎。因此，可把第一胎安排在11—12月配种，次年3—4月产仔；第二胎安排在5—6月配种，9—10月产仔。

3. 巧算母猪预产期

母猪正常妊娠期为108~120天，平均114天。推算母猪预产期的方法是：配种日期加3个月再加3周和3天。如母猪配种日期是5月10日。预产期则为5+3=8（月），10+21（3周）+3（天）=34天，即9月3日。

4. 提高母猪产仔率

母猪断奶后3天至发情期内，每天每头饲喂复合维生素B、胡萝卜素各400毫克，维生素E 200毫克，配种后剂量减半，再喂3周，可适当提高母猪窝均产仔数。

5. 母猪人工催情

公猪诱情，每日把公猪按时关进不发情的母猪圈内2小时。通过公猪爬跨等刺激，促使母猪脑下垂体产生促滤泡成熟素，从而发情排卵。此方法对头胎母猪效果最显著。群养催情，把几头母猪关进同一猪圈内，只要其中有一头母猪发情，就能通过气味刺激，引发其他母猪发情。饥饿、运动催情，将母猪喂七成饱，增加其运动量，从而促进性激素分泌，达到催情排卵目的。激素催情，给不发情的母猪肌肉注射三合激素10~15毫升，2~3天后即可发情。每头母猪一次肌注绒毛膜促性腺激素800单位，3~5天即可发情配种。

6. 母猪催乳

将母猪产后的胎盘用清水冲洗干净，切成长4~5厘米、宽2~3厘米的小块，文火熬煮1~2小时，将胎衣连汤拌入稀粥内，从产后

第2天起，按每天2次喂给母猪，喂完为止。历来缺乳的母猪，用木通30克、当归20克、黄芪30克煎汤，连同煮熟的胎衣一起喂服，效果极佳。

（四）仔猪培育

1. 初生接产技术

预产期要有专人值班，做好接产准备。仔猪出生后，不宜立即断脐，以免脐血流失，防止感染，脐血与初乳有同等的作用，脐带处理不当极易造成脐疝。一般每窝只能存养12~14头，多则无益。应及时拿走胎衣，以防母猪偷食。

2. 调教哺乳技术

仔猪出生后即会寻找乳头吸乳，不会吸吮的要人工辅助。软弱无力的仔猪只要能吸到初乳，半小时后会立即苏醒，以后即正常哺乳。若乳头数少于仔猪数，3天后自然分出弱小猪并淘汰，以免争奶而影响其他猪，7天后应注射三联苗等进行常规防疫。

3. 训练补料技术

补料宜在10日龄后进行，过早，仔猪不会采食造成浪费。在补料时可撒下仔猪颗粒料少许，仔猪先玩后吃，量应由少到多、少喂勤添，逐渐适应。3日龄应注射“铁制剂”，哺乳仍照常进行。30日龄后，随着补料逐渐增加，稍降低母猪饲养标准，泌乳减少，哺乳减少，应给仔猪充足清洁的饮水。小公猪应在7日龄去势，留作种用的除外。

4. 断奶并群技术

21~28日龄，仔猪采食量大增，宜采取一次性断奶，不能拖拉，以便母猪下胎生产。留母留仔均可，保育间一般6~8头，多余的采取“先生取小，后生取大，大小相当，留多并少”的原则，并窝饲养管理，虽有少许打斗行为，但对仔猪伤害较小，照看几小时即可合群。

5. 饲料更换技术

仔猪处于“旺食”阶段，应逐渐搭喂自配料。仔猪胃底腺未发育健全，不能制造盐酸，帮助消化吸收植物蛋白，因此这一阶段可以采用熟食，原料用小麦粉、玉米粉、稻谷粉、米饭、炒熟的豆制品等。自配料逐渐增加，颗粒料逐渐减少，熟食习口后，逐渐向生食过渡，必要时可加些食醋，或正磺基苯酸钠（糖精）以提高适口性。在饲料过渡时要注意千万不能让猪出现腹泻。胃肠功能不适应，极易出现腹泻，若单靠用药，反而不奏效，必须返回到原来的饲料喂几日，待腹泻症状消失后，延期再更换饲料。此期仔猪日龄约在60天以上，优者体重应达30千克。

6. 勤观察尿粪

在更换饲料的同时，每日要观察粪尿的变化情况。无论何时，正常小便清亮无色。若饲料中蛋白质过高，粪便溏稀，落地呈轮层状；粗饲料过多，呈机械刺激性腹泻；若蛋白质含量过低，粪便落地松散易碎，以上均应调整蛋白质含量。细菌性腹泻，主要侵害小肠黏膜及绒毛，失水严重，腹泻物落地边缘不整齐；病毒性腹泻，主要侵害肠黏膜及下层甚至肌层，稀粪中营养代谢物尤其是蛋白质多，表面张力大，落地边缘整齐。每天饲喂4顿，每顿半小时后观察，应舔食干净，没有存留。若争食抢食，食后不停叫食。说明料量不足，要及时调整喂量。仔猪千万不能喂水分含量多的青料，尤其是野生水生草料。

7. 剔出弱仔单独饲喂

经过一段时间的饲养后，绝大部分仔猪膘肥体壮。少数弱猪、僵猪出现，应单独剔出饲喂。同时给予驱虫、对症治疗，平衡日粮。补充微量元素和维生素。

8. 添加药物技术

饲料中添加硫酸亚铁、硫酸铜、锌等可有效防止微量元素缺乏；添喂骨粉、钙粉可防止缺乏钙、磷；添加食盐可维持体内电解质平衡及神经肌肉的正常兴奋性；添加食醋、糖精可改善饲料适口性，提高采食量及增重；外界因素变化时，添加土霉素等抗菌素添加剂，可有效防治有关疾病。

9. 防止应激技术

仔猪生长过程中导致应激反应的有争抢乳头，防疫注射，去势阉

割，补料断奶，驱虫，并群，调换圈舍，互相打斗，饲养员变换，天气变化，病理刺激，称重捕捉，异常声响，饲料变换等。因此，在生产实践中要正确处理应激因素，尽量减少容易引发猪群应激反应的不适环境刺激，保持良好的生长环境和自由活动空间，有利于健康生长。

（五）养猪场的规划和建设

（1）场址选择涉及面积、地势、水源、防疫、交通、电源、排污与环保等诸多方面，需周密计划，事先勘察，才能选好场址。

面积与地势：要把生产、管理和生活区都考虑进去，并留有余地，计划出建场所需占地面积。地势宜高燥，地下水位低，土壤通透性好。要有利于通风，切忌建到山窝里，否则污浊空气排不出，整个场区常年空气环境恶劣。

防疫：距主要交通干线公路、铁路要尽量远一些，距居民区至少2千米以上，既要考虑猪场本身防疫，又要考虑猪场对居民区的影响。猪场与其他牧场之间也需保持一定距离。

交通：既要避开交通主干道，又要交通方便，因为饲料、猪产品和物资运输量很大。

供电：距电源近，节省输变电开支。供电稳定，少停电。

水源：规划猪场前先勘探，水源是选场址的先决条件。一是水源要充足，包括人畜用水。二是水质要符合饮用水标准。饮水质量以固体的含量为测定标准。每升水中固体含量在150毫克左右是理想的，低于5 000毫克对幼畜无害，超过7 000毫克可致腹泻，高过10 000毫克即不适用。

排污与环保：猪场周围有农田、果园，并便于自流，就地消耗大部或全部粪水是最理想的。否则需把排污处理和环境保护做重要问题规划，特别是不能污染地下水和地上水源、河流。

（2）猪场总体布局。总体布局上至少应包括生产区、生产辅助区、管理与生活区。

生产区：包括各种猪舍、消毒室（更衣、洗澡、消毒）、消毒池、药房、兽医室、病死猪处理室、出猪台、维修及仓库、隔离舍、粪便处理区等。

生产辅助区：包括饲料厂及仓库、水塔、水井房、锅炉房、变电房、车库、屠宰加工厂、修配厂等。

管理与生活区：管理与生活区应建在高处、上风处，生产辅助区按有利防疫和便于与生产区配合布置。

（3）猪舍总体规划，生产管理特点是“全进全出”一环扣一环的流水式作业。所以，猪舍需根据生产管理工艺流程来规划。猪舍总体规划的步骤是：首先根据生产管理工艺确定各类猪栏数量，然后计算各类猪舍栋数，最后完成各类猪舍的布局安排。

①各类猪栏所需数量的计算：生产管理工艺不同，各类猪栏数就不同。所以，这里按规划 100 头母猪场为例，100 头母猪的猪场所需各种猪栏数的计算，首先确定 10 条工艺原则和指标。

猪每年产 2 窝，每窝断奶育活 10 头仔猪。

母猪由断奶到再发情为 21 天。

母猪妊娠期 114 天，分娩前 4 天移往分娩哺乳栏，所以母猪妊娠期只有 110 天养在妊娠母猪栏。

母猪妊娠期最后 4 天在分娩哺乳栏。

仔猪 28 天断奶，即母猪这 28 天在分娩哺乳栏。

保育期猪由 28 天养到 56 天，也需 28 天。

保育猪离开保育舍，体重假设为 14 千克。

肉猪出售体重假设为 95 千克。

每一批猪离开某一阶段猪栏到下一批猪进同一猪栏，中间相隔 5 天以供清洗消毒之用。

每一阶段猪栏都较计算数多 10%，亦即所得数乘以 1.1 倍。

②各类猪舍栋数：求得各类猪栏的数量后，再根据各类猪栏的规格及排粪沟、走道、饲养员值班室的规格，即可计算出各类猪舍的建筑尺寸和需要的栋数。

③各类猪舍布局：根据生产工艺流程，将各类猪舍在生产区内做出平面布局安排。为管理方便，缩短转群距离，应以分娩舍为中心，保育舍靠近分娩舍，幼猪舍靠近保育舍，肥猪舍再挨着幼猪舍，妊娠

（配种）舍也应靠近分娩舍。猪舍之间的间距。没有规定标准，需考虑防火、走车、通风的需要，结合具体场地确定（10~20米）。

（4）猪舍内部规划。猪舍内部规划需根据生产工艺流程决定。建设一个大型养猪场是很复杂的，猪舍内部布置和设备，牵涉的细节很多，需要多考察几个场家，取长补短，综合分析比较，再做出详细设计要求。

第二节　肉牛养殖技术

一、饲养特点

日粮配合肉牛的饲料种类及其营养成分与役牛和奶牛基本相同。饲养中应注意如下特点。

采食特点。肉牛的采食很粗糙，不经细嚼即咽下，饱食后进行反刍。食入的整粒料大部分沉入胃底，而不能反刍重新咀嚼，造成过料排出。喂大块块根、块茎饲料，容易发生食道梗阻，危及生命。牛舌卷入的异物吐不出来，特别是食入饲草中的铁丝，往往造成创伤性网胃炎、心包炎等。所以饲料要进行加工调制并消除异物。肉牛最喜食青绿饲料、粗料和多汁料，其次是优质青干草，再次是低水分的青贮料，最不喜食的是秸秆类粗饲料。对精料，牛爱食拇指甲大小的颗粒料，但不喜欢吃粉料。肉牛爱吃新鲜饲料，在饲喂时应少添、勤添，下槽时要及早清扫饲槽，把剩草晾干后再喂。肉牛没有上门齿，不会啃过矮的牧草，所以，当野草高度未超过5厘米时不要放牧。牛有较强的竞食性，群养时相互抢食，可用这一特性来增加采食量。

采食时间。在自由采食的情况下，每天采食时间为6~7个小时。若食用的饲草粗糙，如长草、秸秆等，则采食时间更长；若饲用的草软、嫩，如短草、鲜草，采食时间就短。当气温低于20℃时，有68%的采食时间在白天；气温在27℃时，仅有37%的采食时间在白天。根据这一特点，夏天可以夜饲为主，冬天则为舍饲。日粮质量差时，应延长饲喂时间。

采食量。与体重有密切关系，如肥育的周岁牛体重达 250 千克时，日采食干物质为其体重的 2.8%；500 千克时，则为其体重的 2.3%。膘情好的牛，按单位体重计算的采食量低于膘情差的牛；健康牛采食量则比瘦弱牛多。牛对切短的干草比长草采食量再做出详细设计要求。对切短的干草比长草采食量要大。对草粉的采食量要少。若把草粉制成颗粒，采食量可增加近 50%。日粮中营养不全时，牛的采食量减少；日粮中精料增加；牛的采食量也随之增加；但精料量占日粮的 30%以上时，对于物质的采食量不再增加；若精料占日粮的 70%以上时，采食量反而下降。日粮中脂肪含量超过 6%时，牛对粗纤维的消化率下降；超过 12%时，牛的食欲受到抑制。此外，安静的环境、延长采食时间均可增加采食量。酸碱度过低或过高，会降低牛的采食量。

饮水。在一般情况下，饲料中的水分不能满足牛体的需要，必须补充饮水，最好是自由饮水。饮水量可按干物质与水 1∶5 左右的比例供给。冬天应饮温水，水温不低于 30%，以促进采食量和肠胃的消化吸收，对减少体热的消耗也有好处。

二、饲喂方法

饲喂的饲料必须符合肉牛的采食特点，在喂饲前进行加工。要根据日粮中精料量区别饲喂。精料少，可把精料同粗料混拌饲喂；精料多时，可把粉料压为颗粒料，或蒸成熟团饲喂。粗料应该切短后饲喂。牛喜欢吃短草，即寸草三刀，可提高牛的采食量，还可减少浪费。快速育肥，当精料超过 60%时，为了使其瘤胃能得到适当的机械刺激，粗料可以切得长些。野草之类可直接投喂，不必切短。块根、块茎和瓜类饲料，喂前一定要切成小块，绝不可整个喂给，特别是土豆、地瓜、胡萝卜、茄子等，以免发生食道梗阻。豆腐渣、啤酒糟、粉渣等，虽然含水分多，但其干物质中的营养与精料相仿，喂用这类饲料可减少精料喂量。谷壳糟、高粱壳糟等，只能用作粗饲料。糟渣类的适口性好，牛很爱吃，但要避免过食而造成牛食滞、前胃活动迟缓、膨胀等。以 400 千克体重的肉牛为例，酒糟日喂量最多为

20千克，糖渣为30千克，豆腐渣为15千克，粉渣为20千克。

三、日粮配合的原则

日粮所含营养物质必须达到牛的营养需要标准，同时还要根据不同个体进行适当的调整；应以青粗饲料为主，精料只用于补充粗饲料所欠缺的能量和蛋白质；日粮组成应多样化，使蛋白质、矿物质、维生素等营养成分全面，以提高日粮的适口性和转化率；日粮的营养浓度要适中，除满足营养需要外，还应使肉牛能吃饱而不剩食，又不致因重量容积过大吃不进去；把轻泻饲料（如玉米青贮料、青草、多汁饲料、大豆、麦麸、亚麻仁饼等）和易致便秘的禾本科干草，各种农作物秸秆、枯草、高粱籽实、秕糠、棉籽饼等互相搭配好，饲料中不应有含毒、有害物质；饲料来源丰富，价格便宜。

第三节　山羊养殖技术

一、选择优良品种

种羊应选择个体大、生长速度快、食谱广、饲料（草）报酬高、产肉性能和肉质好、屠宰率高、适应性强的地方品种。根据需要引进优良品种开展杂交利用，生产中常引进波尔山羊作父本与本地母本进行杂交，本地山羊由于数量多、繁殖率高、耐粗饲、适应性强，通过选种选育、提纯复壮，可获得优良的地方品种。

二、确定杂交模式

山羊杂交有二元杂交、三元杂交和级进杂交3种方式。如果养殖户饲养的是本地山羊，可以引进波尔羊种公羊进行二元杂交，杂种公羊全部肥育，杂种母羊可肥育也可留作种用再与波尔羊进行级进杂交，也可与新的品种杂交形成三元杂交。

三、把握适度规模

由于普定县人口密度大，山羊放牧对有植被破坏性，所以山羊在普定饲养提倡圈养。肉用山羊养殖的适度规模决定于养殖户的投资能力、市场价格、饲草面积、饲养管理条件和公母比例等诸多因素。实践表明，能繁母羊饲养的最小规模不应低于20只，适度规模应为40~50只。对于专门从事羔羊育肥的专业大户，养殖规模控制在100~150只为宜。

四、合理分群饲养

由于种羊、妊娠母羊和羔羊的生产目的不同，对饲草饲料质量和饲养管理条件有着不同的要求，混养容易造成羔羊营养缺乏，使育肥期延长，进而增加饲养成本；种公羊乱交滥配，影响其利用率，甚至导致羊群的整体退化。因此，养殖户应当根据生产的目的、要求和年龄结构对羊群进行合理分群饲养。

五、搭建羊舍

1. 单列房屋式羊舍

适用于山区或土质不好的地方，是建立肉羊养殖示范区比较理想的圈舍模式之一。适合于肉用绵羊、山羊及改良羊的饲养与育肥。此羊舍投资少，易建造，有利于羊群的持续生长和管理。可以利用现有的旧房屋搭建，应主要考虑保温和防暑。圈舍多坐北朝南，呈长方形布局，前设运动场，上方搭建拱形支架，冬季可覆盖塑膜保温，夏季可覆盖遮阴网、稻草、树枝等防暑。前沿墙基5~10厘米处设进气孔，棚顶设排气孔。舍内外均设饲槽，舍内设产仔栏。

2. 双列房屋式羊舍

适用于地势比较平坦的地区。建造时多为砖木结构或钢筋结构，墙壁用砖、石块砌成。屋顶用钢筋或木头做支架，上面覆盖有泥瓦或保温隔热材料，有双面起脊式和平顶式两种。呈长方形的布局，两面设运动场，必要时上方搭建拱形支架，冬季可覆盖塑膜保温，夏季可

覆盖遮荫网、稻草、树枝等防暑。在前沿墙基 5～10 厘米处设进气孔，棚顶设排气孔。舍内外设饲槽。舍内设产仔栏。

3. 塑料大棚式羊舍

适用于大部分农区，是农户发展肉羊养殖比较简单易行的圈舍模式。适合于肉用绵羊、山羊改良羊的舍饲育肥。这种羊舍经济适用，采光保温性能好，但羊群管理上麻烦，并需经常进行检查维修。主要考虑通风和疫病的防治。可以利用现有的蔬菜大棚。羊舍多坐北朝南，呈长方形的布局，后面设运动场，舍内外设饲槽，在后墙顶设进气孔，棚顶设排气孔。

4. 种植优质牧草

提供营养丰富、适口性好的优质牧草是山羊优质高效养殖的关键。农户可根据自身情况灵活选择，如秋播牧草的品种有冬牧 70 黑麦、黑麦草等，可同时混播少量豆科牧草。播种方式应采用条播或撒播，冬牧 70 黑麦可用机械播种，黑麦草的种子小，一般采用人工播种。春播牧草的品种还有苜蓿、菊苣等。菊苣可直播或育苗移栽，而育苗移栽优于直播，育苗于 3 月下旬至 4 月上旬进行，5 月上旬移栽。

5. 羔羊舍饲育肥

羔羊育肥的目标是提高日增重和饲料利用率。在保证充足青绿饲料或干草的前提下，补饲矿物质和精料。养殖户可购买山羊矿物质舔砖，将其挂在圈内供羊自由舔食。精料可选用玉米、豆饼等原料自行配制。

6. 适宜体重出栏

肉用山羊出栏的适宜体重要根据日增重、饲料利用率、屠宰率等生产性能指标和市场需求来综合判定。出栏体重过低，山羊的生长潜力没有得到充分发挥，产肉量也低；出栏体重过高，虽然产肉量增加，但饲料利用率下降。杂交羊生长的高峰期较本地羊延迟，其适宜出栏体重应比本地羊大。

7. 适时免疫驱虫

羊舍内外要经常打扫，并用漂白粉、百毒杀等定期消毒。春秋两季分别用灭虫丁、左旋脒唑、敌百虫等广谱驱虫药对羊只进行体内外驱虫，并根据本地羊群疫病流行情况选用3联苗或5联苗、羊痘、口蹄疫灭活疫苗和传染性胸膜肺炎疫苗等进行定期或不定期防疫。

第四节　家禽养殖技术

一、土鸡（林下鸡）养殖技术

随着生活水平的普遍提高，人们对肉质的需求以追求风味、野味和回归自然为时尚，以往室内平养的快大型肉用鸡在市场上销路渐差，取而代之的家鸡（俗称土鸡）倍受青睐。

1. 选择合适的场地

土鸡养殖应选择背风向阳、地势平坦、高燥、取水方便、远离村庄、交通便捷、树冠较小、果树稀疏的地方为宜。切忌沿河湖密布鸡场，场与场间距不少于200米。

2. 场地消毒

新场地，育雏室用5%~10%石灰水或氯制剂消毒液、2%烧碱等进行场地喷雾消毒；老场地，地面清扫冲洗，在上述方法的基础上，用高锰酸钾14克/平方米加甲醛28毫升/平方米密闭熏蒸消毒1~2天（将饮水器、料桶等用具一起放入消毒）后，开启通风1~2天。

3. 温度要求

温度是育雏成功与否的关键。进雏鸡前，应提早半天调节好温度，一般育雏舍温度控制在0~1周龄32~33℃，以后每周降1~2℃，直到4周龄后方可脱温。观察温度是否适宜有两个办法：一是看温度表，二是看鸡群状况。鸡群扎堆、紧靠热源、不断鸣叫，表明温度偏低；鸡群远离热源、分布四周、不断张口呼吸，表明温度偏高；鸡群分布均匀、活动自如、比较安静，表明温度较为适宜。

4. 选择优质鸡苗

养鸡成功与否鸡苗质量起决定性的作用。要选择品种较纯、体质健壮的鸡苗。一般鸡群活泼、叫声有力、雏鸡头大、眼凸有神、挣扎

有力、身体洁净、个体均匀、毛色一致的为优质的鸡苗。

5. 尽早开水

雏鸡第一次饮水叫开水。当雏鸡运到后，尽快送进育雏室（冬季尤其必要）让其自由饮水。对经长途运输或天热时的雏鸡，饮水中加 0.9%葡萄糖生理盐水；近距离的饮水中加 0.01%～0.02%高锰酸钾。开水应早，要让 80%以上的雏鸡同时饮到第一口水；对反应迟钝、蹲着不动的雏鸡应人工调教，或用拍手声刺激促进饮水。应当全天候供水。

6. 适时开料

给雏鸡第一次投料为开料。开料时间应适当推迟，最适宜时间应在鸡出壳后 24～36 小时。也可根据雏鸡健康状况和外界气温情况来定，一般有 85%的雏鸡具有食欲时为好。开料太早，容易引起雏鸡卵黄吸收不良而成僵鸡，导致育雏率降低及均匀度差的弊端。开料时最好选择颗粒度小、容易消化的配合饲料。饲料应撒在尼龙布或团箕上使雏鸡容易吃到，应尽量做到少投勤添，以刺激雏鸡食欲，减少饲料浪费。

7. 适当的饲养密度

土鸡的饲养密度可稍大于快大型肉用鸡，一般周龄内掌握在 35 只/平方米，以后每周降 5 只左右，直到四周龄脱温后方可放养。

8. 做好免疫工作

由于土鸡饲养期长，疫病威胁性大，养殖户选购疫苗时，务必检查疫苗的有效期、批次、生产厂家、生产日期，发现破瓶、潮解、失效或有杂质者杜绝使用。应该到当地农牧业部门或指定的店家购买为好。疫苗应足量使用。前期若饮水免疫量应加倍（即 1 000 只鸡，用 2 000 羽份疫苗），点滴免疫用 1～1.5 倍量；后期 1.5～2 倍量为宜。

合理的免疫程序。在当地兽医部门的指导下，结合本场实际、制定合理的免疫程序实施计划免疫。

9. 育出雏阶段主要疾病防治

白痢病。该病主要发生在 7 日龄内，特征是雏鸡肛门粘有白色粪便，用恩诺沙星、佛哌酸、敌菌净、土霉素等药进行防治。

霉菌病。易发于半月龄内，以呼吸困难、机体脱水、消瘦，剖检可见肺气囊内含霉菌结节为特征。防治上应杜绝霉变饲料，降低舍内湿度，经常更换垫料，可用制霉菌素治疗。

球虫病。特征为食欲减少、饮水增加、场地可见血便。剖检盲肠、小肠增粗，内含血色稀物，肠黏膜可见出血点。用青霉素球虫药治疗，配合降低舍内湿度及饲养密度，收效尚佳。

10. 后期饲养管理要点

饲料。后期饲料可由配合料逐渐过渡到单一的玉米、稻谷，条件好的用颗粒料。一般 10 时后投一次料，15 时后投一次料，入睡前再加一次。整个饲养期不停水。经常观察，发现精神、食欲、粪便异常者，应及早采取措施。要及时剔除病、死鸡，防止老鼠、老鹰、蛇、黄鼠狼等兽害。

饲养时间。土鸡饲养期不当，直接影响鸡的肉质风味及养殖效益。饲养期太短，肉质太嫩，风味差，影响销路及价格；饲养期太长，饲料报酬降低，风险性增加，且易造成劳力、场地等资源浪费，增加饲养成本，效益变差。一般体重达 1.2~1.5 千克；时间在 80 天以上即可上市，养户也可根据市场行情作合理的安排。

饲养规模。饲养土鸡的效益与适度的饲养规模有关。一般以一个劳力每批以 1 500~2 000 只为宜，避免超规模连片养殖，宁愿多点投放，分散养殖。这样有利于饲养管理、防疫治病、降低风险、增加效益、稳步发展。

轮牧时间。一个鸡场饲养时间太久，场地会受污染，病菌增多，对鸡群健康威胁大，影响成活率；而且容易将场内的草根、树根、树皮啄尽，造成土地板结和环境污染，影响果树生长；时间太短，投资重复，成本增加，造成浪费，影响效益。一般两年一轮即可避免上述弊端。

二、肉鸭网养快速育肥技术

肉鸭高床网养技术与放牧和地面平养相比，具有省工、易管理、不受季节限制、肉鸭生长快、疾病减少、饲料转化率高等优点，在广

大农村极具推广价值。

1. 高床栏舍设置

高床鸭舍宜利用现有的鸭舍和闲置的猪舍、鸡舍进行改建，也可新建。高床鸭舍要求结构良好，檐高2.5米以上，地面预留一定坡度用水泥抹光。含内设排水沟，舍外设积污池，网床离地高1米左右，竹木搭建床架、栅条，最上层铺垫塑料网。网架外侧设0.5米高的栏鸭栅栏，大面积网床可用栅栏分隔多个小区。各小区内需设置水槽和食槽。

2. 适合高床网养品种

宜选用前期生长快，饲料转化率高，性情比较温顺的快大型肉鸭品种。如樱桃谷鸭、奥白星鸭、丽佳鸭、天府肉鸭及北京鸭等。这些良种肉鸭在高床网养条件下32天出栏体重可达2千克，料肉比1.9~2；49天可达3.3千克，料肉比2.3~2.5。

3. 肉鸭的饲养和管理

高味网养肉鸭以纯舍饲方式饲养，必须在肉鸭整个生长阶段都供给全价优质饲料：一般采用二段式营养水平。第一阶段用雏鸭料（3周龄内）：粗蛋白20%，代谢能2.8兆卡/千克，钙%，有效磷0.5%；第二阶段用生长育肥料（4周龄至出栏）：粗蛋白16.7%，代谢能3兆卡/千克，钙1.2%，有效磷0.45%。饲料中还应添加适量的维生素和微量元素，以防止鸭营养缺乏造成疾病。

鸭苗送达后立即送进温度为32~33℃的育雏网床上，及时喂给添加有多种维生素和电解质的饮水，饮水后即可开始训练雏鸭采食饲料。

温度：1~3日龄32~33℃，4~7日龄28~30℃，8日龄后每天降低1℃，降至室温并适应2天后，转入生长育肥舍网床上饲养。温度控制是培育雏鸭的最关键环节。

湿度：第一周湿度为70%，第二周及以后保持在60%~65%范围内。

光照：1~7日龄24小时全光照，8日龄至出栏每天23小时光照，1小时黑暗适应，这样尽可能地提高其自由采食时间。

饮水：全天供水不断，自由饮水。

密度：育雏期每平方米 25~30 只，生长育肥期每平方米 7~10 只。

4. 疫病防治措施

保持鸭舍干燥卫生，通风良好，网床下粪便每 3 天清除一次，舍内每周用氯制剂消毒液消毒一次，舍外环境每旬用烧碱水喷洒消毒。严防鼠害，禁止猫犬和其他禽类入舍（7~10 日龄雏鸭注射鸭浆膜炎——大肠杆菌多价蜂胶二联苗，在受雏鸭病毒性肝炎威胁地区，还应在 15 日龄左右注射肝炎高免血清或高免蛋黄液进行鸭肝炎预防）。

第五节　畜禽重大疾病防治技术

1. 口蹄疫

口蹄疫俗称口疮、蹄癀，是由口蹄疫病毒引起的一种急性、热性、高度接触性传染病。黄牛最易感染，其次为猪、羊等，人也可感染。口蹄疫传播快、流行广、发病率高，同一时间内往往牛、羊、猪一起发病。

（1）症状。

牛：潜伏期平均为 2~4 天，最长可达 1 周左右。患病牛体温升至 40~41℃，食欲减退，精神萎顿。起初病牛不敢大口咀嚼，检查口腔时，可见口腔黏膜发红，口温高；不久唇内齿龈、舌面和颊部黏膜出现水疱，如黄豆、蚕豆大小，初为淡黄色透明液，后变浑浊，破溃留下较浅的鲜红色湿润的烂斑。病牛流涎，常成线状，口角呈白泡沫状，挂满嘴边，采食反刍停止，常有吸吮声。在口腔出现水疱的同时或稍后，病牛的蹄部趾间、蹄冠等部出现水疱，病牛不愿站立或行走，跛行。水疱很快破溃，出现糜烂，然后愈合。如不及时处理，地面污秽不洁，则可被感染，糜烂部出现化脓或坏死，严重时可使蹄匣脱落，甚至发生死亡。牛的其他部位，如乳房、乳头皮肤和鼻端等部位亦可发生水疱及糜烂。恶性口蹄疫，死亡率可达 20%~50%，这主要是因病毒侵害心肌所致。病牛全身症候明显，精神萎顿，反刍停

止，虚弱，肌肉颤抖，心跳加快。节律不齐，站立不稳，因心肌麻痹倒地死亡。犊牛发病时。大多看不到特征性水疱，表现为出血性肠炎和心肌麻痹，在体温升高时发生腹泻，死亡率很高。

羊：潜伏期一周左右，症状和牛口蹄疫基本相同，但较轻。绵羊水疱多见于蹄部；山羊水疱多见于口腔，呈弥漫性口炎，水疱多发于硬腭与舌面。羔羊常因出血性胃肠炎和心肌炎而死亡。

猪：潜伏期 1~2 天。病猪以蹄部水疱为主要特征，病初体温升高到 40~41℃，精神不振，食欲减少或废绝。在蹄冠、蹄叉和蹄踵部皮肤出现局部红、热症状，不久形成水疱，内有灰白色或灰黄色液体。开始时水疱有米粒或绿豆大小，后约达蚕豆大。水疱破溃后，形成出血的暗红色糜烂面，随后结痂而愈。蹄部刚出现水疱时跛行不明显，当看到明显跛行时，水疱多已破溃。当蹄部发生继发感染时，严重病猪蹄壳发生脱落。病猪鼻盘、齿龈、舌、颚部等也可出现水疱，破溃时露出浅的溃疡面，不久可愈合。少数病例，母猪的乳房、乳头皮肤发生水疱，部分仔猪会因心肌炎而死亡。

（2）防治。每年春、秋两季及时进行疫苗接种。当有疑似口蹄疫发生时，及时向当地兽医部门报告，由兽医部门经诊断后按照“早、快、严、小”的原则处理，严防病原扩散。

2. 猪瘟

猪瘟是由猪瘟病毒引起的猪的一种高度传染性的疫病。不同年龄、品种的猪均可感染，一年四季均可发生，病毒可通过各种途径传播。病猪、病愈后带毒猪、潜伏期带毒猪、外表健康感染猪为传染源。在饲养管理不良、猪群拥挤、免疫不当的猪场，常引起流行。

（1）症状。根据病情长短、临床症状和其他特征，可分为最急性型、急性型、慢性型和迟发型。

最急性型：突然发病，高热稽留 41~42℃，无明显症状，很快死亡。

急性型：病猪精神沉郁，减食或厌食，伏卧嗜睡，行动迟缓，摇摆不稳。体温升高到 40.5~42℃，眼呈结膜炎。病初便秘。随后腹泻或交替发生，有的发生呕吐。病初在腹下、耳和四肢内侧等部位皮肤发生出血，后期为紫色。公猪包皮发炎，挤压时流出白色恶异臭浑浊尿液。有的猪有神经症状，病程7~12天。

慢性型：早期有食欲不佳、精神沉郁、体温升高等症状。几周后食欲和一般状况显著改善，体温降至正常或略高于正常。后期食欲不振、精神沉郁、体温再次升高直至临死前才下降。未死的病猪生长迟缓。

迟发型：本身不表现症状，但病毒可通过胎盘传给胎儿。导致流产、早产、死产、木乃伊、畸形、产出有颤抖症状的弱仔或外表健康的感染仔猪，病猪体温正常，大多数能存活较长时间，但最终以死亡告终。

(2) 防治。本病无特效药治疗，主要靠预防。

平时预防措施：加强饲养管理，坚持自繁自养，做好猪舍的清洁卫生和消毒工作。搞好免疫接种，对大多数散养户采用春、秋两季集中免疫；对专业化猪场指定合理免疫程序，进行免疫接种。免疫程序在当地兽医指导下制定，有条件的猪场可定期作抗体监测，依抗体水平的高低决定免疫时间。

发病时的紧急措施：发生疫情时应及早诊断，立即隔离病猪，严格消毒，对疫区内假定健康猪和受威胁区的猪可加大免差剂量进行紧急免疫接种。

3. 禽流感

按病原体的致病特征，禽流感可分为非致病性、低致病性和高致病性三大类。非致病性禽流感不会引起明显临床症状，仅诱导受感染的禽鸟体内产生抗体。低致病性禽流感可使禽类出现轻度呼吸道症状，食量减少，下痢，产蛋量下降，出现零星死亡。高致病性禽流感是一种由A型流感病毒引起的鸡的急性、热性、高度接触性传染性疾病，被世界动物卫生组织定为A类传染病，我国定为一类传染病，又称真性鸡瘟或欧洲鸡瘟。不仅是鸡，其他一些家禽如鸭、鹅、鸽和野鸟都能感染。高致病性禽流感通常无典型临床症状，发病急，体温升高，食欲废绝，伴有出血综合症，死亡率高达100%，对养禽企业能造成毁灭性的打击。

(1) 症状。病鸡精神高度沉郁，羽毛松乱，身体蜷缩，喜卧不动，体温升至43.3~44.4℃。饮食欲减少。跟流泪，头和颜面部或趾关节肿胀，冠和肉垂发绀。呼吸症状表现明显，如咳嗽、喷嚏、啰音、呼吸困难，重症鸡张口呼吸或有尖叫声。有的出现神经症状，惊厥、瘫痪、失明等。由于感染的毒株不同，上述症状或单独出现，或五种同时出现。

(2) 防治。家禽养殖场（户）要定期接种禽流感疫苗，目前的禽流感疫苗有H9N2、H5N1灭活疫苗和基因工程疫苗。平时要对禽舍、环境严格消毒，粪便作无害化处理，彻底切断传播途径。发生疫情后，要立即向当地兽医防疫管理部门报告，病死禽鸟类不能转移，不要随意丢弃，对捕杀的禽只做焚烧掩埋处理，防止疫情扩散蔓延。建场时禽舍与人居住的场所要保持距离，搞好环境卫生。

4. 禽霍乱

禽霍乱也叫禽巴氏杆菌病或禽出败，是由多杀性巴氏杆菌引起的一种多种禽类包括鸡、鸭、鹅、火鸡等的急性败血性传染病。该病一年四季均可发生，以春、秋两季多见。主要通过消化道和呼吸道进行传播。饲养管理不良，鸡群抵抗力低，病菌毒力增强，都可促使禽霍乱发生流行。

(1) 症状。最急性型的禽霍乱，无任何症状便突然倒地挣扎死亡，鸡群中仅见个别鸡的鸡冠呈蓝紫色。最常见的是急性型禽霍乱，病鸡拱背缩头，羽毛松乱，鸡冠及肉髯呈蓝紫色，体温高达43~44℃，口鼻流出带泡沫状的黏液，拉黄色、灰色或淡绿色稀粪，产蛋鸡停止产蛋，最后痉挛或昏迷而死。慢性病鸡表现为消瘦、贫血、慢性呼吸道炎症和慢性肠胃炎，肉髯肿大，并且常伴有关节炎，脚趾麻痹，跛行。

(2) 防治。平时加强饲养管理是预防禽霍乱的关键措施。巴氏杆菌常存在于禽类的上呼吸道，一般不引起鸡只出现症状，但应激或禽群抵抗力下降，便会引起禽群发病。预防可接种弱毒或灭活疫苗。治疗可选用敏感的抗菌类药，如四环素类药、喹诺酮类药等。群体治疗时，可将抗菌类药混于饮水或饲料中，连用3~4天。

第六章 休闲农业与乡村旅游

乡镇旅游以其回归自然、崇尚田园生活的方式，表达了人们追求人与自然和谐相处的境界，是农耕文化崇尚自然和承袭传统的体现。全国城市居民出游选择乡村旅游的约占7成，每个黄金周形成大约以10万人次规格的乡镇旅游市场。

第一节 休闲农业与乡村旅游基础知识

乡村旅游是指以城乡互动、城乡经济统筹发展思想为指导，以乡村独特的生态形态、民俗风情、生活形式、乡村风光、乡村居所和乡村文化等为吸引物，以都市居民为主要目标市场，以观光、游览、娱乐、休闲、度假、学习、参与、购物等为旅游功能，以城乡间的文化交流、人群迁移为表现形式、兼具乡土性、知识性的旅游形式。

通过发展乡村旅游，能够提高村民的公共卫生意识、环境保护意识；能够让人民群众感受到发展的实惠，尝到发展的甜头，享受发展的成果，使人民群众认识到保住“绿水青山”就会有“金山银山”，“破坏生态环境就是咋自己的饭碗”。

贵州省时下开展乡村旅游的地方，已初步显示出这种积极效应。

(1) 关于“经济发展”。据贵州省旅游局提供的数据，2005年全省乡村旅游吸纳农民直接和间接从业的有15.53万人，占全省旅游就业人数的39.76%，实现旅游收入创下三分天下有其一的业绩。许多乡村旅游点上的农业结构调整，从资源上看具有生产和观光双重价值，从生产力上来看具有创新和市场引领作用。红花岗区董公寺镇文武村数千亩荷园，当茶花映日时成为游人如织的农业观光园，当白藕出泥时成为商贾云集的葡萄园从过去的“一千亩卖不完”，变为现在

“一万亩不够卖”的局面，农家乐务工的农民每月净收入 3 000~6 000 元。

（2）关于“生活宽裕”。在开展乡村旅游的地方，农户收入一般要高于当地平均水平，日子也过得一年比一年红火。普定县马官镇号营村开展旅游前人均年收入不足 2 000 元，开展旅游后增加到 4 000 多元，一批农民还走出去创业当上了小老板。村里电视入户、自来水入户、儿童入学、计划生育、合作医疗参加率等达到 100%，电脑、手机、机动车接近普及。

（3）关于“乡风文明”。在开展乡村旅游的地方，两个文明建设也走在当地前列。贵定县音寨村，布依人家好客有礼，接待客人价廉物美，村子里传承下来“一家有事全寨帮”的民俗，如今进一步变成了“团结互助奔小康”的和谐新风尚。贵阳市乌当区阿栗村过去盛行“两打一斗”（打麻将、打金花、斗地主）赌博风气，如今变成了“两打一练”（打篮球、打腰鼓、练太极拳）的全民健身新风尚。群众精神面貌发生了巨大变化。

（4）关于“村容整洁”。开展乡村旅游的地方，村容寨貌也率先“亮”起来。在各级政府大力支持下，道路硬化通组连户，文体活动场所进村入寨，成为时下农村一道最美丽的风景线。特别是“四改一建”（改水、改厕、改圈、改厨、建沼气池）工程的推进，使一些地方的村容整洁程序达到了不见不敢相信的程序。走进福泉市黄丝镇江边村，寨子里冲洗得干干净净，户户前庭后院花红叶绿，从牛圈猪舍旁走过基本上闻不到异味。

随着现代旅游业的快速发展，旅游消费市场日趋丰富和多样化。以“吃农家饭、住农家屋、享农家乐、观农村山水”为主要内容，以回归自然、放松身心为目标的乡村旅游逐渐受到市场和社会的广泛关注与认同。顺应着这种潮流，农家乐在安顺市周边农村逐渐兴盛起来。它的兴起，丰富了城市居民的闲暇生活，拓宽了农民的致富门路，也带动了假日经济的发展，取得了较好的社会效益和经济效益。但是，面对节假日不断涌入乡村旅游的游客，许多农民朋友却不知如何接待服务，体现在餐饮经营上更加突出。因为从经济利益等方面考虑，农家不可能聘请专业厨师，更不可能去学习专业厨艺技能。但餐饮服务的水平又直接影响着农家乐旅游的发展，需要有针对性地引导和帮助。

根据调查农家在开办“农家乐”方面应该注意以下几点。

服务人性化。勤劳简朴、热情好客是中华民族的传统美德，特别是远离市场竞争的乡村，村民大多心地善良、淳朴憨厚。但是随着游客数量和接待次数的增加，许多开展农家乐旅游的家庭住户管理人员（一般是户主）服务水平不高，服务意识不足，往往会造成无论是哪位客人的要求、不管是什么要求、能不能够达到的要求都满口答应。但是由于农家住户服务人员较少，一旦忙起来，客人的要求不能够及时满足或者先满足了那些无关紧要的要求，就会给客人不好的印象。其实，农家乐的服务人员不能一味迁就客人而勉强为难自己，而要学会合理拒绝客人，尤其是在现有条件下很验证满足的要求，同时在客人用餐时，服务人员不能远离，要及时为客人提供服务。

器具统一化。与居家自用不同，游客用餐讲究的是协调与舒适。但许多农家乐餐馆使用餐桌、餐椅、餐具并不统一，往往在一家可以看见颜色式样各异的桌子和椅子，甚至在餐桌上可以看到大大小小的盘子、高高低低的碗，塑料的、搪瓷的、铁质的一起上，给人以不整洁之感。因此，农家餐需要根据自己的接待能力配备相应数量的餐具和器皿，如果使用具有地方特色的餐具效果会更好。

卫生安全化。“农家乐”的厨房制作车间生菜与熟菜分开放置，饮用水源和清洁水分开，面粉、米、油、调料等储藏间也要防潮、防鼠、防霉变，同时仓库要禁止外人出入。

自然的家庭氛围，质朴的生活方式，文明的休闲内容，是农家乐吸引城里人的特色。“农家乐”要吸引客人，用餐环境必须干净整洁，最好是有专门的餐厅，条件不好的也可以将自家庭院开辟出来，但庭院用作餐厅需要做好灭蝇、灭蚊、防尘、防风沙。不是越高档越好，菜的品种并不是越贵越好。“农家乐”的菜肴应以民间菜和农家菜为主，一定要突出自己民间、农家的特色，并且要在此基础上有所发展和创新。“农家乐”的菜肴要立足农村，就地取材，尽量采用农

家特有的、城里难以见到的烹饪原料。除了农村特有的土鸡、土鸭、老腊肉、黄腊丁以及各种时令鲜蔬外，还应广泛采用各种当地土特产。“农家乐”的主食也应该充分体现出农家的特色。

例如，“农家乐”的米饭就不应该是纯粹的大米饭，而应该做成如“玉米粒焖饭”等有特色的米饭。在很多有经验的农家那里我们也收集了大量的信息，互相推荐共同致富；保持最低价不打价格战；优势互补连手经营；这些都是我们农家业主应该注意的。

其实，对于不断扩大的城市群，经常性的休闲旅游中，出现“农家乐”有它的必然性。而对于“农家乐”这种特殊的旅游方式来说，与观光旅游不同之处就在于：它并不是让游客在一个景区匆忙的照一大堆照片以证明自己曾来过，它需要的是一种绝对不同以往、与自己生活截然不同的让人彻底放松的地方。这些也正印证了休闲旅游经常性、趣味性以及环境设施要求高的特点。

首先，要找准切入基点、突出乡土特色。因为农家乐传播的是乡土文化，体现的是淳朴自然的民风民俗，盲目追求豪华高档，简单地把城里的一些娱乐项目搬下乡并不可取，必须依托当地文化，因地制宜。如春天组织游客踏青、欣赏田园风光，夏天到山林采蘑菇，秋天进果园摘果尝鲜等。让游客参与到当地特有的农村日常生产生活中，品味原汁原味的农村地域文化，这是一种独特的经营方式。

其次，找准消费群体、提高服务质量。目前在安顺市，选择农家乐旅游方式的一般都是中等能力的消费者。为此，“农家乐”所提供消费服务要突出农家特色，价位要适度。尤其要注重饮食、住宿、卫生和环境安全，让旅客吃得放心、玩得开心，乐于回头。

第三，找准发展方向、提倡产业经营。据了解，目前安顺市“农家乐”还是以散户农闲时经营为主，验证显其优势。而从安顺市“农家乐”开展比较成功的几个旅游景点上不难看出，“农家乐”也必须走产业化的路子，以村或者散户联合的形式，组成农家乐生态旅游村。

休闲农业与乡村旅游的灵魂是“以农为本”所以在经营的过程中切记注意以下几点。

（1）选择比较环保的城郊或者与城市有路况好的道路相连的风光宜人的农村（最好有山有水有园有树），建筑材料最好“就地取材”，保持当地的“原汁原味”。

（2）既是农家乐，就要办出农家特色，地方特色，如果跟城市大酒店没什么分别，那就是失败中的失败，必须要和农业结合起来，发展蔬菜、药材、动物、植物花卉等特色优势产业，开发观赏游、采摘游、品尝游等乡村产品，是农产品成为旅游商品，增加农产品的附加值。

（3）服务意识要前卫，饮食质量要保障。

（4）特色极便以素食为主，风格力求清新自然。

（5）设施可简约但必须整洁协调，颜色忌花里胡哨，布置忌零乱参差。

（6）卫生不可小视，顾客安全需要保障。

（7）先做精到细，稳步前进，再做大做强，不要为了数量牺牲质量，不要为了速度忘了风险。

第二节　礼仪常识

一、游客的心理分析

（1）初期阶段。求安全心理，求新，求异心理。

（2）中期阶段。懒散心理，求全心理。

（3）后期阶段。忙于个人事务，必要时做一些弥补和补救工作，使前一段时间游客未能得到满足的个别要求得到满足。

二、就餐的一般心理特征

（1）求食物合口味的心理。

（2）求快的心理。

（3）求食品及用具洁净干净的心理。

（4）求知的心理。

(5) 求尊重的心理。

三、针对不同的年龄的顾客就餐心理，做好服务工作

(1) 儿童、少年及老年就餐心理特征。儿童：就餐速度快、菜品质量优、花样品种多；中青年：菜品特色等选择较为挑剔；老年：价格低、质量优、环境卫生、服务态度好。

(2) 做好针对性服务。一家人聚餐，年轻人点菜，显示孝敬大方的心理，建立菜品偏向老人，显示对老人的尊敬，上菜快保证儿童吃到每样菜品等。

四、举止规范

举止落落大方，动作合乎规范，是个人礼仪方面最基本的要求，它包括站立、就座、行走和手势。

1. 站立

站立是人们在场所最基本的姿势，是其他姿势的基础。双手不可叉在腰间，也不要抱在胸前，不可驼着背，弓着腰，眼睛不可不断左右斜视；不可一肩高一肩低，双臂不可胡乱摆动，双腿不可不停地抖动。在站立时不宜将手插在裤袋里，更不要下意识地出现搓、剐动作，也不要随意摆动打火机、香烟盒，玩弄皮带、发辮等。这样不但显得拘谨，有失庄重，还会给人以缺乏自信和没有经验的感觉。

2. 坐姿

与人交谈时，双腿不停地抖动，甚至鞋跟离开脚跟晃动；坐姿与环境要求不符，入座后二郎腿跷起，或前俯后仰；不能将双腿搭在椅子、沙发和桌子上；女士叠腿要慎重、规范，不可呈“4”字形，男士也不能出现这种不雅的坐姿；坐下后不可双腿拉开成八字型，也不可将脚伸得很远。不规范的坐姿是不礼貌的，是缺乏教养的表现。对不雅的坐姿应在平时加以纠正，养成良好的就座姿态。

3. 行走

正确的行走要从容、轻盈、稳重。行走最忌内八字、外八字；不可弯腰驼背、摇头晃肩、扭腰摆臀；不可膝弯曲，或重心交替不可协调，使得头先去而腰、臀后跟上来，不可走路时吸烟、双手插在裤兜；不可左顾右盼；不可无精打采，身体松垮，不可摆手过快，幅度过大或过小。

4. 手势

手势美是动态美，要能够恰当地运用手势来表达真情实意，就会在实际中表现出良好的形象。

（1）手势的要求。与人交谈时的手势不宜过多，动作不宜过大，更不可手舞足蹈；介绍客人或给对方指示方向时，应掌心向上，四指并拢，大拇指张开，以肘关节为轴，前臂自然上抬伸直。指示方向时上体稍向前倾，面带微笑，自己的眼睛看着目标方向并兼顾对方是否意会到。

（2）交际中应避免出现的手势。交际场合不可当众搔头皮、掏耳朵、挖鼻孔、抠眼屎、搓泥垢、修指甲、揉衣角、用手指在桌上乱画、玩手中的笔或其他工具；切忌做手势，或指指点点。

五、仪容规范

仪容是人的容貌，包括头发、面部等。

1. 头发等方面的要求

要适时梳理，不可有头皮屑；发型要朴实、大方，具有良好的个性。男性的发式给人以得体、整齐的感觉，应该显示成熟、为人们所喜爱。女士梳理清秀典雅的发型，能体现出持重、干练、成熟。

总之，头发要清洁、整齐、柔软、光亮，要根据自己的脸型、体形、年龄、发质、气质选择与自己职业和个性相配合的发型，以增强人体的整体美。

2. 面部的要求

应修饰面部，使其容发焕发、充满活力，给对方留下良好的印象。

3. 手部的要求

手要清洗干净，指甲要经常修剪、洗刷；指甲长度要适当，不可留长指甲，也不可涂有色的指甲油。

六、如何利用更改为沟通和服务

(一) 微笑

(1) 对微笑的认识。微笑可以表现出对他人的理解、关心和爱，是礼貌与修养的外在表现和谦恭、含蓄、自信的反映。人们的微笑是其心理健康的标志。微笑是一种“情绪语言”，它来自心理健康者。

(2) 微笑的礼仪规范。微笑的美在于文雅、适度，亲切自然，符合礼貌规范。微笑要诚恳和发自内心，做到“诚于中而形于外”，切不可故作笑颜，假意奉承，做出“职业性的笑”。更不要狂笑、浪笑、奸笑、傻笑、冷笑。发自内心的笑像扑面春风，能温暖人心，化除冷漠，获得理解和支持。

(二) 眼神

1. 对眼神的认识

心理学家认为：最能准确表达人的感情和内心活动的是眼睛和眼神。人的眼睛时刻在“说话”，时刻道出内心的秘密。

如交谈时注视对方，则意味着对其重视；走路时双目直视、旁若无人，则表示高傲；频频左顾右盼则表示心中有事；对来访者只招呼而不看对方则表明工作忙而不愿接待等。

2. 眼神的礼仪规范

与他交谈时，不可长时间地凝视对方。用目光注视对方，应自然、稳重、柔和，敢于正视对方，是一种坦荡、自信的表现，也是对他人尊重的体现。谈话中眼睛往上、往下、眯眼、斜视、闭眼、游离不定、目光涣散，漫不经心等，都是在中忌讳的眼神。当别人难堪时，不要去看他，交谈休息时或停止谈话时，不要正视对方。

七、谈吐的基本要求

交谈的基本原则是尊敬对方和自我谦让，具体要注意以下几个方面。

1. 态度诚恳亲切

2. 措辞谦逊文雅

当与宾客交流时，常常用“您好”开头，“请”字中间，“谢谢”或“再见”收尾，“对不起”常常挂在嘴边。日常生活中惯常用法有“太客气了”“过奖了”“为您效劳”“多指教”“没关系”“不必”“请”“惭愧”“不好意思”等。

3. 语言、语调平衡柔和

4. 谈话要掌握分寸

5. 交谈注意忌讳

在与人交谈中，不要好奇询问，也不要问及对方的隐私问题。在谈话内容上，一般不要涉及疾病、死亡、灾祸等不愉快的事情；不谈论荒诞离奇、耸人听闻、黄色淫秽的事情。

八、交谈要注意姿态

首先要做到的是双方应互相正视、互相倾听，不要东张西望，左顾右盼。交谈姿态不要懒散或面带倦容，哈欠连天，也不要做一些不必要的小动作，如玩指甲，弄衣角，搔头发、抠鼻孔等。

九、如何迎接客人、送走客人、招呼客人

包含：握手礼节、介绍礼节——先低后高、迎送礼节、鞠躬礼节、接送名片礼节、次序礼节等。

第三节　前厅及前台服务

一、前厅基本礼貌服务用语

(1)“欢迎”“欢迎您”“您好”，用于客人来到餐厅时，迎宾人员使用。

(2)“谢谢”“谢谢您”用于客人为服务员的工作带来方便时，本着感激的态度说。

（3）“请您稍侯”或“请您稍等一下”，用于不能立刻为客人提供服务，本着认真负责的态度说。

（4）“请您稍侯”或“请您稍等一下”，用于因打扰客人或给客人带来不便，本着歉意的心情说。

（5）“让您久等了”，用对等侯的客人，本着热情而表示歉意。

（6）“对不起”或“实在对不起”，用于因打扰客人或给客人带来不便，本着真诚而有礼貌地说。

（7）“再见”“您慢走”“欢迎下次光临”，用于客人离开时，本着热情而真诚地说。

二、问询服务的基本项目

1. 问询服务

客人前来问询，接待主动热情，耐心细致，语言亲切。客人问询内容掌握清楚，回答简明扼要，语言规范。对未听清的问题，礼貌地请客人复述；一时不能回答或超出业务范围的问题，表示歉意，请教有关人员或查阅有关资料后及时准确回答。无不理不睬客人或简单回答“不行”“不知道”等现象发生。

2. 代客沟通与联系

客人要来联系服务项目，要求解答疑难等问题，接待热情，了解客人要求，需沟通联系的部门人员清楚明确，向客人转达或代客办理快速及时。对无法沟通或解决的问题，要耐心解释，语言婉转礼貌。

3. 会客与查询

外人前来会客，掌握所会客人姓名、房号或部门准确无误，同时找客人及时：按规定填写会客单，安排会见地点，礼貌地引导来人前往。查询服务，明确客人查询内容要求，快速准确，查询结果转告客人及时，服务周到细致。

4. 代客留言

问询处留言簿和留言条。客人要求留言，内容填写清楚准确，留言转送、转答要求具体明确，办理及时，无差错、丢失、忘记转达等现象发生。

5. 叫醒转接服务

客人要求叫醒服务，准确记录客人姓名、房号、叫醒时间，交电话：总机办理入电脑自动准时叫醒。对贵客或在总机无电脑控制的酒店，转夜班人员派专人叫醒。无错叫、漏叫、提前、误时叫醒等现象发生。

三、如何向顾客介绍商品的技巧

再好的商品也要依靠导购员的介绍和推销，才能促使顾客购买。所以我们一定要抓住机会向顾客介绍我们的商品。

（1）语言介绍技巧。导购员向顾客仔细的介绍商品的特点，可以从面料、质地、做工、款式等几个方面介绍我们的商品特点。

（2）卖点介绍技巧。就是这款商品最大的卖点在那里，导购员介绍商品时应该清楚的向顾客表述清楚，给顾客一个购买的理由。

（3）演示示范介绍技巧。介绍商品时可以通过导购员自身演示将这款商品的特色展示给顾客，让顾客直观的看到效果。

（4）亲身体验介绍技巧。导购员介绍商品时可建议顾客试用，通过顾客自己的切身感受体验我们商品的优点。

四、如何掌握房间的安排、交接技能

（1）根据事先打印好的当日预订客人到店的电脑报告，按照客人所订的不同种类房间进行预订安排。

（2）了解客人的性别，进行适当的调节，以免引起不必要的误会。

（3）根据客人的要求，对预留房间进行确认。

（4）对于要求换房的客人要说明房价的差价，征求客人同意后才给予调换。

（5）在交接的时候，上任服务员要字迹工整地把客人的需求和提供服务的时间标注清楚，接班的服务员要把上任服务员未完成的事务按时进行处理，看清客人的要求，按时的进行服务。

五、掌握结账收款技能

（1）当客人示意结账时，服务员应迅速到收银台取来客人的账单，账面反面向上递给客人。

（2）递送账单时，服务员应身体略微向前倾斜，并注意讲话的礼貌，“先生/女士，这是您的账单，请过目”。如果客人要求报出消费总额时，服务员才能轻声报出账单总额。

（3）如果客人对账单有疑问时，服务员要耐心解释。

（4）客人付现金后，服务员要及时送至收银台，由收银员收账找零，并相应盖章。

（5）服务员将找零和客人所需的发票回呈给客人，提醒客人当面点清并礼貌致谢。

第四节　客房服务

一、客房服务的几条基本问候用语

（1）初次见面，应说：您好！见到您很高兴。或欢迎光临我们饭店。

（2）客人来到你的工作处，要根据不同时间问候，然后说：您有什么事需要我办吗？或我能帮您什么忙吗？

（3）如果以前认识，相别甚久，初次见面应说：您好吗？好久不见的等话。

（4）因某事取得成功，应表示祝贺，对生病的客人要多加关心说：希望您早日康复。

（5）此外，在客人的生日、节日时，也应讲一些表示祝贺的话。与之分手要打招呼，客人即将离店，应主动对他们说：请对我们的工作提出宝贵意见，并表示欢迎您再来。

二、客房设施设备质量标准

1. 房客种类与面积

一般有单人房、双人房、标准房、套房各类不少于4种，室内设施齐全，布置合理，客人活动空间宽阔。

2. 天花与照明

天花选用耐用、防污、反光、吸音材料，经过装饰，光洁明亮，牢固美观，无开裂、起皮、掉皮的现象。室内壁灯、台灯、落地灯、夜灯等各种灯具选择合理，造型美观，光线柔和、恬静的温馨气氛。

3. 冷暖与安全设备

采用中央空调或分离式空调，安装位置合理，外型美观，性能良好，室温可随意调节，开启自如。室内通风良好，空气清新，房门装有窥镜、防盗链、走火图，天花有烟感装置和自动喷淋灭火装置，过道有消防装置与灭火器，安装隐蔽。安全门和安全通道健全畅通。对各种安全设备实行专业管理，始终处于正常状态，使客人有安全感。

4. 通讯与电器设备

客房配程控电话，通常客房和洗手间各有一部电话副机，功能齐全，性能良好。

5. 客房家具用具

高级软垫床、床头板、床头柜、办公桌椅、沙发座椅、梳妆台镜、壁柜行李架、衣架、小圆桌等家具用具齐全，按室内分区功能合理设置和摆放。

6. 卫生间设备

面积不能太小，地面铺瓷砖，天花板、墙面、地面光洁明亮、地面防滑、防潮、隐蔽处有地漏。洗台采用大理石或磨台面，抽水马桶、浴盆分区设备合理。照明充足，有110~220伏电源插座。

三、客房整理需注意几点

（1）顾客离房后，服务员应按照房间的床位或顾客数量要更换的床单数量，带上更换的垃圾袋到房间。

(2) 首先认真检查顾客是否有留下物品（钱包、首饰、手机、纸条等），单位物品是否有丢失或损坏，并及时交给吧台（严禁在自己兜里保存或私放别处，一旦发现视为偷盗，除重罚外并作开除处理）。

(3) 开窗通风换气。

(4) 整理好床铺，将痰盂、用过的纸杯、垃圾袋及杂物一并带出房间，将痰盂清洗干净，带上水桶、抹布、纸杯、花篮中缺少的物品到房间。

(5) 将房间表面卫生做好，烟灰缸擦干净、花篮中物品配齐、纸杯茶叶配齐，将地面卫生做好。

(6) 关窗户、关窗帘、关电器、关门离开房间。

(7) 向吧台报 OK 房。

四、清洁卫生间

(1) 所有清洁工作必须自上而下进行。

(2) 放水冲净座厕并倒入一定量的清洁剂。

(3) 清除垃圾杂物，用清水洗净垃圾桶并用抹布擦干。

(4) 用除渍剂去除地胶垫、下水道口、洁缸圈上的污垢和渍迹。

(5) 用清洁桶装上低浓度的碱性清洁剂彻底清洗地胶，不可在浴缸里或脸盆里洗。桶里用过的水可在做下一间卫生间前倒入其座厕内。

(6) 在境面上喷洒些玻璃清洁剂，并用抹布清洁。

(7) 用清水洗净冰桶，并用专备的擦杯布擦干，烟缸上如有污迹，可用海绵块蘸少许除渍剂去除。

(8) 清洁脸盆和化妆台。如客人有物品放在台上，应小心移开，待将台面抹净后仍将其复位。

(9) 用海绵块蘸少许中性清洁剂擦脸盆镀铬件上的皂垢、水斑，并随即用干抹布擦亮，禁止用毛巾作抹布。

五、客房消防安全常识

员工必须十分重视防火，把防火工作看作是酒店安全的头等大事。

（1）要有高度的防火意识，发现隐患与险情要以最快的速度报告、报警或消灭。

（2）消防防范措施。

①不准在店内及车上吸烟、不准在易燃品附近明火作业。明火作业时要采取防范措施。

②发现烟蒂一定要熄灭，垃圾箱内要倒入一定数量的水。

③所有消防通道、楼梯出口和走廊严禁放置障碍物，保证消防通道畅通。易燃品必须放置在指定的安全位置。

④员工不得擅自动用消防设备设施。

要牢固树立“安全第一”的思想。

消防电话：119。

消防三会：会报警、会使用灭火器、会疏散逃生。

易燃易爆物：燃料、纸制品、棉毛、化纤制品、酒精类、家具类、乙炔、煤气、氧气瓶、氢气瓶等。

灭火器材：干粉灭火器、自动喷淋、消防栓、烟感报警器等。

干粉灭火器的使用方法：拉开安全阀插销，将橡皮管喷嘴对住火源底部，保持1.5米的安全距离，压下夹子喷射灭火。

第五节　导游解说

一、导游的基本常识和礼仪

1. 导游人员应具备哪些素质？

（1）良好的思想品行。

（2）渊博的知识。

（3）较强的独立工作能力和创新精神。

（4）较高的导游技能。

（5）竞争意识和进取精神。

（6）身心健康。

（7）得体的仪容、仪表。

2. 导游人员的行为规范包括哪些内容？

（1）忠于祖国，坚持“内外有别”的原则。

（2）严格按规章制度办事，执行请示汇报制度。

（3）自觉地遵纪守法。

（4）自尊、自爱，不失人格、国格。

（5）注意小节。

二、导游讲解的时间艺术

（1）讲解时间不宜太长太久，因为讲的时间太长太久，显得过于单调，难以集中游客的注意力。需要进行较长的讲解时，中间最好穿插一些适当的对话形式，以设问、答问等形式来传达所要讲解的内容，要比导游员搞“一言堂”似的讲解生动活泼。

（2）讲解的时间要与游客的观赏时间相交叉，即讲一段时间，再让游客自己观察一段时间，或又讲一段时间，如此反复。

（3）讲解时间的长短，一般视游客的兴趣而定，发现游客有兴趣，讲的时间长一点，否则就要适当减少讲解的内容。

三、导游讲解的口语艺术

1. 准确恰当

导游人员的口语质量如何，在很大程度上取决于遣词用语的准确性。讲解的词语必须以事实为依据，准确地反映客观事实，做到就实论虚，入情入理，切忌空洞无物，或言过其实的词语。如把二百年历史的“古迹”夸张为五百年的历史，动不动就是“世界上”“全中国最美的”“最高的”“最大的”“独一无二的”“甲天下的”等，这类没有依据的信口开河会使稍有见识的游客产生反感。这就要求导游人员对讲解要有严肃认真的态度，要讲究斟词酌句，要注意词语的组合、搭配。只有恰当的措辞，相宜的搭配，才能准确地表达意思。要从纷繁富丽的词汇海洋中选取恰当的词语来准确地叙事、状物、表情、达意，是件不容易的事。

2. 鲜明生动

在讲解内容准确、情感健康的前提下，语言还要力求鲜明生动，言之有神，切忌死板、老套、平铺直叙。一般地说，导游人员要善于恰当地运用一些修辞手法，如对比、夸张、比喻、借代、映衬、比拟等来“美化”自己的语言。只有“美化”了的语言，才能把导游内容亦即故事传说、名人轶事、自然风物等讲得有声有色，活灵活现，才能产生一种美感，勃发一种情趣，以强烈的艺术魅力吸引游客去领会你所讲解的内容，体验你所创造的意境。

3. 风趣活泼

风趣活泼是导游语言生动的一种表现。导游人员要善于借题(景或事）发挥，用夸张、比喻、讽刺、双关语等，活跃讲解气氛，增强艺术表现力。

这种机智、风趣的讲解语言，不仅能融洽感情，活跃气氛，而且能增添客人们的游兴，获得一种精神享受。

4. 幽雅文明

讲解用语要注意讲究幽雅文明，切忌粗言俗语，切忌使用游客忌讳的词语。有的导游员由于平时文明修养不够，在讲解时不知不觉“冒”出一些不文明的用语，如果改用文明词语就幽雅得多。如那个老家伙——那个老头，那个老头儿；胖得像肥猪似的——胖得像弥勒佛似的。

5. 浅白易懂

导游讲解的内容重要靠口语来表达，口语声过即逝，游客不可能像看书面文字那样可以反复阅读。当时听得清楚，听得明白才能理解，所以要根据口语“有声性”的特点，采用浅白易懂的口语化讲解。口语化的句子一般比较短小，虽然也有属于长句的，但一般要在中间拉开距离，分出几个小句子来，如“这座大佛高 17 米，他的头发就有 14 米长，10 米宽，头顶中心的螺髻可以放一个大圆桌，大佛

的脚背有8米多宽，站100个人，一点也不拥挤”。

6. 清楚圆润

导游讲解的口语要吐字（词）正确清楚，要正确运用自己的发音器官。发音器官是由呼吸喉头声带、共鸣腔和咬字器官组成的。这些器官在发音过程中协调配合得好，才能形成正确清楚的语音，否则，就会含混不清。正确处理好字（词）和声音的关系，是口语表情达意的基本要求。其次，要讲究声音的清亮圆润，避免粗糙生硬，嘶哑的重喉音、鼻音和气声，正确运用呼吸器官和共鸣腔，使声音和谐、纯正、适度。

主要参考文献

陈中建，倪德华，金小燕. 2015. 畜禽养殖与疾病防治新技术［M］. 北京：中国农业科学技术出版社.

苏北建. 2001. 农作物病害防治技术［M］. 贵州：贵州科技出版社.

张华，张娜. 2011. 乡村农业技术员实用手册［M］. 北京：中国农业科学技术出版社.

张华. 2012. 现代农业实用新技术培训教程［M］. 北京：中国农业科学技术出版社.